优质烟草生产技术

牟劲 编著

四川科学技术出版社

图书在版编目（CIP）数据

优质烟草生产技术 / 牟劲编著. -- 成都 : 四川科学技术出版社, 2019.4

ISBN 978-7-5364-9434-3

Ⅰ.①优… Ⅱ.①牟… Ⅲ.①烟草—生产技术 Ⅳ.①TS45

中国版本图书馆CIP数据核字(2019)第067611号

优质烟草生产技术
YOUZHI YANCAO SHENGCHAN JISHU

出 品 人	钱丹凝
编 著	牟 劲
策 划	谢 伟
责任编辑	陈 婷 张 蓉
封面设计	艺和天下
责任出版	欧晓春
出版发行	四川科学技术出版社

成都市槐树街 2 号　邮政编码 610031

官方微博：http://e.weibo.com/sckjcbs

官方微信公众号：sckjcbs

传真：028 - 87734035

成品尺寸	170mm × 240mm
	印张13.5　　字数 250千字
印 刷	三河市金轩印务有限公司
版 次	2019年5月第一版
印 次	2019年5月第一次印刷
定 价	26.80 元

ISBN 978-7-5364-9434-3

内 容 提 要

本书共分12章，内容包括：烟草的种类和品种、烟草的生产和品质、烟草的育苗技术、烟草病害及虫害的防治技术、现代烟草栽培技术、现代烟草烘烤技术、香料烟的栽培与调制、白肋烟的栽培与调制、地方晒晾烟的栽培与调制、其他晾烟的栽培与调制、现代烟草农业探索与实践、现代烟草农业内容与发展对策。

本书综合了近年来烟草品种区域布局研究和优质烟草栽培技术研究的最新科研成果和研究进展，系统地介绍了烟草生产的最新生产技术。可供烟草生产工作者阅读参考。

前 言

　　发展现代烟草农业是烟草行业认真贯彻落实党中央提出的"以工促农、以城带乡"战略方针，促进农业和农村经济发展的重大举措，是全面加强烟叶生产基础设施建设，推动烟叶生产持续健康发展的重大决策部署。

　　现代烟草农业的基本特征是以种植区域化、布局合理化为基础，生产规模化、设施现代化为前提，供苗商品化、栽培规范化、采烤科学化、分级标准化为关键，组织合作化、经营集约化、管理信息化、服务专业化为保证，烟叶特色化、卷烟品牌化、省工节本增效为目的，促进新农村经济社会的发展。

　　本书编著者想农民之所想，急农业之所急，关心农民生活，关注农业科技，精心构思，倾情写作。以广大农村基层群众为主要对象，以普及当前烟草农业最新实用技术为目的，浅显易懂，价格低廉，真正是一本农民读得懂、买得起、用得上的"三农"力作。本书具有三个鲜明的特点：

　　1. 实用性——以"十三五"规划提出的奋斗目标为纲，介绍实用的种植方面的关键技术；

　　2. 先进性——尽可能反映种植方面的先进技术和科研成果；

　　3. 基础性——在介绍实用技术的同时，根据农村读者的实际情况适当介绍了有关种植的基础理论知识，让广大农民朋友既知道该怎么做，又懂得为什么要这样做。

　　本书内容丰富，结构合理，除具有三个鲜明的特点外，还具有较强的新颖性和针对性。

优质烟草生产技术

　　本书在编写过程中，参阅了大量专业的书籍和资料，在此对相关作者表示诚挚的感谢。因编写时间紧，加之编著者水平有限，难免有疏漏之处，敬请读者在阅读和使用中多提宝贵意见，以便进一步丰富和完善。

编著者

2019年3月

CONTENTS

目 录

第一章　烟草的种类和品种

第一节　烟草的七大类型

　　烟草是我国重要的经济作物之一，在我国有着悠久的栽培历史。据考证，在明朝嘉靖年间，我国已经开始了晒晾烟的栽培。烤烟的栽培则可以追溯到19世纪末至20世纪初，伴随着卷烟工业的发展而逐渐发展起来。中华人民共和国成立后，尤其是改革开放40年来，我国烟叶的生产得到了迅猛发展，烟叶产区分布范围广，生态环境多样，产量与收益逐年提高，为我国国民经济发展做出了巨大的贡献。

　　进入21世纪，国家烟草专卖局提出要坚持"市场引导，计划种植，主攻质量，调整布局"的烟叶生产指导方针，以"控制总量，提高质量，改善结构，增加效益"作为工作重点。烟叶生产走上了规模稳定、质量提高、效益改善、秩序好转、管理加强的良性发展轨道，保持了平稳发展的良好态势，为烟草行业持续、稳定、协调、健康地发展奠定了坚实的基础。目前，我国的烟叶生产平稳发展，基础工作明显改进，部分产区烟叶生产粗具现代烟草农业的特征。

　　烟草在长期栽培过程中，由于使用要求与调制方法、栽培措施和自然环境条件等方面的差异，形成了多种多样的类型。烟草按制品分类，可分为卷烟、雪茄烟、斗烟、水烟、鼻烟和嚼烟等；按烟叶品质特点、生物学性状和栽培调制方法分类，我国一般分为烤烟、晒烟、晾烟、白肋烟、香料烟、黄花烟和野生烟等七个类型。

一、烤烟

　　烤烟源于美国的弗吉尼亚州，具有特殊的形态特征，因而也被称为弗吉尼亚型烟。最初的调制方法也是晾晒，1832年弗吉尼亚人发明用火管在房内烤干烟叶的技术，并获专利。用这种方法烤出的烟叶色黄、鲜亮、品质好、价格高，因此很快推广。烤烟是我国也是世界上栽培面积最大的烟草类型，是卷烟工业的主要

原料，也可供作斗烟。世界上生产烤烟的国家主要有中国、美国、巴西、津巴布韦、印度、泰国、加拿大、阿根廷等。我国烤烟种植面积和总产量都居世界第一位。重点产区有云南、贵州、河南、福建、湖南、山东、重庆、湖北、四川、陕西、黑龙江、广东等省（直辖市）。

烤烟的主要特征是植株较大，叶片分布较疏而均匀，一般株高120～150 cm，单株着叶20～30片，叶片厚薄适中，中部的质量最佳。叶片自下而上成熟，分次采收，在烤房内调制，烤后多呈橘黄色或柠檬黄色。其化学成分的特点是含糖量较高，蛋白质含量较低，烟碱含量中等。

二、晒烟

晒烟的烟叶利用阳光调制，主要有晒红烟与晒黄烟。晒烟可供斗烟、水烟、卷烟，也可作为雪茄芯叶、束叶和鼻烟、嚼烟的原料。此外，有些晒烟还可以加工成杀虫剂。世界上生产晒烟的主要国家是中国和印度。晒烟在我国有悠久的栽培历史，各地烟农不仅具有丰富的栽培经验，并且因地制宜地创造了许多独特的晒制方法。一些名晒烟如四川的"泉烟""大烟""毛烟"和"柳烟"，广东南雄所产的晒黄烟和高鹤所产的晒红烟，广西的"大宁烟""大安烟""良丰烟"，江西的"紫老烟"，河南的"邓片"，山东的"沂水绺子"，云南的"刀烟"，吉林的"关东烟"，湖南凤凰晒红烟等早已驰名中外。目前，全国各省都有晒烟种植，但分布零散，比较集中的有四川、广西、吉林、广东、湖南、湖北、贵州、浙江等省（自治区）。

一般晒黄烟的外观特征和所含化学成分与烤烟相近，而晒红烟则同烤烟差别较大。晒红烟的叶片一般较少，叶肉较厚，分次采收或一次采收，晒制后多呈深褐色或紫褐色，以上部叶片质量最好。烟叶一般含糖量较低，蛋白质和烟碱含量较高，烟味浓，劲头大。

三、晾烟

晾烟有浅色晾烟和深色晾烟之别，都是在阴凉通风场所晾制而成。而其中的白肋烟、马里兰烟和雪茄包叶烟因别具一格，均已自成一类。但在我国，除将白肋烟单独作为一个烟草类型外，其余所有的晾制烟草，包括雪茄包叶烟、马里兰烟和其他传统晾烟，均属于晾烟类型。

1. 雪茄烟

制造雪茄需要有三种烟叶，即芯叶、束叶和包叶。这三种不同用途烟叶必须具备各自的特点：芯叶烟气味芳香，质地较粗糙；束叶烟质地细致而有弹性；包叶烟则需油分好、质地细、有弹性、燃烧性好和颜色较淡。雪茄包叶烟对栽培条件要求较特殊，在云雾多、日光弱的条件下生长的烟叶品质最好。因此多采用遮阴栽培，叶片宽。中下部烟叶晾制后薄而轻，叶脉细，质地细致，弹性强，颜色为均匀一致的灰褐色或褐色，燃烧性好，可作为雪茄包叶的原料。我国雪茄包叶烟主要产于四川和浙江，数量以四川为多，而品质以浙江桐乡所产为上。近年来海南试种包叶烟。世界上生产雪茄烟的国家主要有古巴、菲律宾、印度尼西亚、美国等。

2. 马里兰烟

马里兰烟因原产美国马里兰州而得名，是浅色晾烟。其特点是叶片宽大，茎节较密，原烟阴燃性好，烟气芳香，叶片薄，填充性强，能增加卷烟的透气性，焦油和烟碱含量均比烤烟、白肋烟低，已成为低焦油混合型卷烟原料之一。世界上主要生产马里兰烟的是美国，集中在马里兰州种植。20世纪80年代初，我国湖北省五峰县试种马里兰烟成功，现常年种植一定面积。近几年来在云南保山和湖南桑植等地试验种植。

3. 传统晾烟

我国的传统晾烟面积较少，主要产地有广西武鸣、云南永胜和贵州黔东南等地。武鸣晾烟的栽培方法与晒红烟基本相同，调制方法是将砍收的整株挂在阴凉通风的场所，晾干后堆积发酵。调制后的烟叶呈褐色，油分足，弹性强，吸味丰满，燃烧性好，烟灰呈洁白色。

四、白肋烟

白肋烟是马里兰型阔叶烟的一个突变种。1864年在美国俄亥俄州布朗县的一个种植马里兰阔叶型烟的苗床里发现的缺绿型突变株，后经专门种植，证明具有特殊使用价值，从而发展成为烟草的一个新类型。

白肋烟的主要特点是茎和叶片主脉呈乳白色。叶片黄绿色，叶绿素含量约为其他正常绿色烟的1/3。白肋烟的栽培方法与烤烟相仿，但要求中下部叶片大而薄，适宜较肥沃的土壤，对氮素营养要求较高。生长快，成熟集中，分次采收或半整株采收。调制方法是将叶片上绳或整株倒挂在晾棚或晾房内晾干，然后堆积醇化。白肋烟的烟碱和总氮含量比烤烟高，含糖量较低。叶片较薄，弹性强，组织疏松，填充性好，阴燃持火力强，并有良好的吸收能力，是混合型卷烟的主要原料之一。世界上生产白肋烟的国家主要是美国，其次是马拉维、巴西、意大利和西班牙等国家。我国白肋烟是在20世纪60年代中期引进并发展起来的，栽培面积较大的有湖北、重庆、四川和云南等省（直辖市）。

五、香料烟

香料烟又称土耳其型烟或东方型烟，是普通烟草传至地中海沿岸之后，在当地的特殊生态条件下栽培和调制形成的一种烟草类型。生产香料烟的主要国家有土耳其、希腊、保加利亚等。我国香料烟主要产区为云南保山、湖北十堰、新疆伊犁等。

香料烟的显著特点是株型纤瘦，叶片多而小，一般株高80~100 cm，叶长15~20 cm，叶型为宽卵圆形或心脏形，有柄或无柄。烟叶具有芳香香气，吃味好，易燃烧及填充力强，是混合型卷烟的主要调香原料。斗烟丝中也多掺用。香料烟的芳香品质与产地的生态条件和栽培调制方法密切相关。烟叶品质以顶叶最好，烟碱含量较低，其他化学成分介于烤烟与晒红烟之间。

六、黄花烟

黄花烟与上述几种烟草类型的根本区别是在植物分类学上属于不同的种，生物学性状差异很大。一般株高50~100 cm，着叶10~15片，叶片较小，卵圆形或心脏形，有叶柄，花色绿黄，种子较大，生育期较短，耐寒。多种植在高纬度和无霜期短的地区。据考证，黄花烟在哥伦布发现新大陆以前就在墨西哥栽培。它的起源地是玻利维亚、秘鲁和厄瓜多尔高原。它被广泛种植于亚洲西部。苏联种植黄花烟最多，他们称为莫合烟。我国栽培黄花烟的历史也较久，分布地区广，主要产区在新疆、甘肃和黑龙江。产品中以兰州水烟、关东蛤蟆烟和霍城莫合烟最负盛名。某些国家如美国虽种植黄花烟，但不作吸用，只供制造硫酸烟碱。

一般黄花烟的总烟碱、总氮及蛋白质含量均较高，而糖分含量较低，烟味浓烈。

七、野生烟

野生烟是指烟属中除了普通烟草和黄花烟草这两个栽培种以外的所有烟草野生种。这些野生种形态各异，用途不一，无商业价值，未被人们大面积种植过。但不少野生种具有栽培烟草不具有的重要基因，特别是抗病抗虫基因。有些抗病虫基因已转移到栽培烟草上，选育出抗病品种。有些野生种花色艳丽，气味芳香，已作为观赏植物，有少量种植。

第二节　烤烟的主要品种

一、K326

K326是美国诺斯朴·金种子公司选育而成（图1-1）。1986～1988年参加全国烤烟良种区域试验，1989年全国烟草品种审定委员会审定为全国推广良种。

图1-1　K326

株式筒形或塔形，株高110～130 cm，节距4.0～4.9 cm，茎围7～8.9 cm，叶数24～26片，可采叶18～21片。腰叶的叶形为长椭圆形，叶色绿色，叶尖渐尖，叶缘波浪状，叶面较皱，叶耳小，主脉较细，叶片厚度中等，叶肉组织细致，茎叶角度大。花序集中，花冠淡红色。

移栽至中心花开放52～62天，大田生育期120天左右。田间生长整齐，腋芽生长势强。高抗黑胫病，中抗青枯病、南方根结线虫病和北方根结线虫病，抗爪哇根结线虫病，感野火病、普通花叶病、赤星病和气候型斑点病。

产量2 482～3 038 kg/hm²。原烟多橘黄色，油分多，光泽强，叶片结构疏松，身份适中，主筋比28.97%；总糖26.38%左右，烟碱2.01%～3.00%，蛋白质10.77%左右，总氮2.07%，施木克值2.45，氮碱比1.03，糖碱比13.12；评吸香气质尚好，香气量足，浓度中等，杂气有，劲头适中，刺激性有，余味尚舒适，燃烧性强，灰色灰白。

1. 栽培技术要点

K326耐肥力较强，宜在中等以上肥力的地块种植，每公顷施纯氮120～180 kg，氮、磷、钾比例为1：1：2，每公顷16 500株左右，单株留叶18～20片。现蕾时打顶，后期要注意防治赤星病。

2. 调制技术要点

K326分层落黄好，下部叶成熟采收，上部叶充分成熟采收。下二棚叶片大而薄，含水量多，烟筋粗，容易产生枯烟。中上部叶易烘烤，一般变黄期温度32～42℃，时间50～60小时，定色期43～55℃，30～40小时。干筋期温度不超过68℃，时间25～30小时，顶叶各阶段可适当延长，注意升温不过急，不掉温。

二、红花大金元

红花大金元原名路美邑烟，1962年云南省路南县路美邑村烟农从大金元变异株中选育而成，因花色深红而得名，是云南烟区的主要栽培品种之一（图1-2）。

株式筒形或塔形，株高100～140 cm，节距4.0～4.7 cm，茎围9.5～11 cm。叶数20～22片，可采叶15～18片。腰叶长椭圆形，叶尖渐尖，叶面较平，叶缘波浪状，叶色绿色，叶耳大，主脉较粗，叶肉组织细致，茎叶角度小，叶片较厚。花序集中，花冠深红色。

图1-2　红花大金元

移栽至中心花开放52～62天，大田生育期120天左右。中抗南方根结线虫病，气候型斑点病轻，感赤星病、黑胫病，中感野火病和普通花叶病。

一般每公顷产量1 950～2 700 kg，原烟金黄色、柠檬黄色，油分多，光泽强，富弹性，身份适中，单叶重8～12 g，主筋比29.11%；总糖26.02%～31.93%，还原糖20.88%～26.76%，总氮1.71%～2.01%，烟碱1.92%～2.61%，蛋白质9.19%～11.0%，施木克值2.37～3.47，氮碱比1.13，糖碱比9～12.23；评吸清香型，香气质好，香气量尚足，浓度中等，杂气有，劲头适中，燃烧性强，灰色白。

1. 栽培技术要点

适宜在中等肥力的地块种植，每公顷施纯氮90～120 kg，氮、磷、钾比例

1：1：2，每公顷栽15 000 ~ 18 000株，中心花开放时打顶，留叶18 ~ 20片。

2. 调制技术要点

要点红花大金元叶片落黄慢，充分成熟采收，严防采青，烘烤中变黄速度慢，而失水速度又快，较难定色，难烘烤。变黄期温度38 ~ 40℃，变黄七八成，注意通风排湿，40℃保温，43℃烟叶变黄九成，45℃保温使烟叶全部变黄。定色前期慢升温，加强通风排湿，烟筋变黄后慢升温转入定色后期，干筋期温度不超过68℃。

三、云烟85

云烟85是云南省烟草科学研究所用云烟2号和K326杂交选育而成（图1-3）。1996年通过全国烟草品种审定委员会审定。

图1-3　云烟85

株式塔形，株高150 ~ 170 cm，节距5.0 ~ 5.8 cm，茎围7 ~ 8.03 cm，叶数24 ~ 25片。腰叶长椭圆形，叶尖渐尖，叶色绿色，叶面较平，叶缘波浪状，叶耳大，叶肉组织细致，茎叶角度中等，花序松散，花冠红色。

移栽至中心花开放55天，大田生育期120天左右。田间生长整齐，腋芽生长势强。高抗黑胫病，中抗南方根结线虫病，感爪哇根结线虫病，耐赤星病和普通花叶病。

每公顷产量2 250 ~ 3 000 kg。原烟总糖23.26%、烟碱2.26%、总氮1.96%、蛋白质9.81、施木克值2.37左右，糖碱比10.29，氮碱比0.87；评吸香气质好，香气量尚足，杂气微有，劲头适中，刺激性微有，余味尚舒适，燃烧性强，灰色灰白。

1. 栽培技术要点

云烟85耐肥性强，适宜在中等肥力以上田地种植，每公顷施纯氮120 ~ 150 kg，每公顷16 500株左右，氮、磷、钾比例1：1：2，现蕾时打顶，留叶18 ~ 20片。该品种大田生长初期如受环境胁迫（干旱等），有10 ~ 15天抑制生长期，注意加强田间管理，不可打顶过低，后期生长势强。

2. 调制技术要点

云烟85比K326变黄速度略快，失水速度平缓，容易烘烤。在采收充分成熟烟叶的基础上，变黄期温度38 ~ 40℃，使叶片基本变黄，定色期52 ~ 54℃，将叶片基本烤干，干筋期温度不超过68℃，烤干全炉烟叶。

四、NC82

NC82（北卡82）是美国北卡罗来纳州立大学用6129和Coker319杂交选育而成（图1-4），1978年在美国推广，1980年引进我国，该品种1989年经全国烟草品种审定委员会审定为全国推广良种。

株式筒形或塔形，株高140 cm，节距5.10 cm，茎围9.40 cm左右。叶数22～23片，腰叶长61 cm，宽22.9 cm，长椭圆形，叶面较皱，叶尖急尖，叶缘波浪状，叶肉组织细致，茎叶角度小。花序松散，花冠红色。

移栽至中心花开放57天，大田生育期112～120天。田间生长整齐，腋芽生长势强。抗黑胫病，中感青枯病，感根结线虫病、赤星病、TMV和气候性斑点病。

图1-4　NC82

每公顷产量2 669 kg左右。原烟多为橘黄色，油分多，光泽强，弹性好，身份适中，叶片结构疏松，品质优良；总糖26.39%、还原糖18.63%、烟碱3.03%、蛋白质8.42%、总氮1.87%、施木克值3.13左右，糖碱比6.15，氧化钾0.82%，氯0.13%；评吸香气质中，香气量有，浓度中等，杂气有，劲头适中，刺激性有，余味尚舒适，燃烧性强，灰色灰白。

1. 栽培技术要点

NC82耐肥，适宜在中上等肥力田块种植，每公顷施纯氮90～120 kg，氮、磷、钾比例1∶1.5∶2～3为宜，密度16 500株左右，单株留叶18～20片。要注意防治赤星病。适宜在海拔1 800 m以下地区种植，高海拔地区种植易产生早花。

2. 调制技术要点

NC82叶片较厚，要充分成熟采收。变黄期温度下部叶在37～38℃变黄7～8成，中上部叶36～37℃，变黄9成以上，干湿球差2～3℃。定色期要慢升温，边稳温边排湿，干筋期温度不能超过68℃，湿球温度不超过42℃，直到烟筋烤干。

五、云烟87

云烟87是云南省烟草科学研究所以云烟二号为母本，14 326为父本杂交选育而成（图1-5）。2000年12月通过国家烟草品种审定委员会审定。云烟87株式塔形，打顶后为筒形，自然株高178～185 cm，打顶株高110～118 cm，大田着生叶片数25～27片，有效叶数18～20片。腰叶长椭圆形，长73～82 cm，宽28～34 cm，叶面皱，叶色深绿，叶尖渐尖，叶缘波浪状，叶耳大，花枝少，比较集中，花色红。节距5.5～6.5 cm，叶片上下分布均匀。

大田生育期110～115天，种性稳定，变异系数较K326小。抗黑胫病，中抗南方根结线虫病，耐普通花叶病，抗叶斑病，中抗青枯病。移栽至旺长期烟株生长缓慢，后期生长迅速，生长整齐。

图1-5　云烟87

每公顷产量2 610 kg，均价4.84元/kg，上等烟比例45.07%；每公顷产值12 260元，公顷产量、均价、上等烟比例、公顷产值均高于对照K326。

云烟87品种下部烟叶为柠檬色，中上部烟叶为金黄色或橘黄色，烟叶厚薄适中，油分多，光泽强，组织疏松。总糖含量31.14%～31.66%，还原糖含量24.05%～26.38%，烟碱含量2.28%～3.16%，总氮含量1.65%～1.67%，蛋白质含量7.03%～7.85%，各种化学成分协调，评吸质量档次为中偏上。

云烟87最适宜种植在海拔为1 500～1 800 m的烟区，海拔超过1 800米的烟区采用地膜栽培技术，也能获得优质、适产、高效益。适应性广，抗逆力强。

云烟87苗期生长速度快，品种较耐肥，需肥量与K326接近，每公顷施纯氮120～135 kg，针对云烟87前期生长慢，后期生长迅速的特点，基肥不超过1/3，追肥占2/3，分两次追施较为合理。

云烟87烟叶变黄速度适中，变黄较整齐，失水平衡，定色脱水较快，烟叶变黄定色，脱水干燥较为协调，容易烘烤，烘烤特性与K326接近，可与K326同炉烘烤。

六、K346

K346是中国烟草总公司于1995年从美国引进的烤烟新品种，组合为McNair926×80241（图1-6）。1988年在美国推广，1997年参加全国区试，并进行生产示范，1997年通过全国烟草品种审定委员会认定。

该品种株型塔形，株高97.4 cm，叶数23～24片，节距5.5 cm，茎围9.97 cm。腰叶长79.2 cm，宽30.6 cm，长

图1-6　K346

椭圆形，叶色绿色，叶尖渐尖，叶缘波浪状，叶面较皱，叶耳小，主脉较细，叶片厚度适中，叶肉组织细致，茎叶角度大，花序松散，花冠淡红色。移栽至中心花开放需53天，全生育期为117天。田间生长势强，生长整齐，腋芽生长势强。高抗青枯病和黑胫病，抗根结线虫病，低抗赤星病。

每公顷产量2 967 kg。田间落黄快，成熟集中，烤后原烟多橘黄色，油分较多，光泽强，叶片结构疏松，身份较厚，单叶重12 g，原烟评吸清香型，香气质中偏上，香气量足，浓度较浓，杂气有，劲头适中，刺激性有，余味尚疏适，燃烧性强，灰色灰白色，质量档次中偏上。

栽培水平和烘烤特性与K326相似，每公顷施纯氮105～135 kg，变黄期需延长，适应性较广。

七、RG11

RG11是美国RG种子公司通过NC55和K399杂交选育而成的烤烟新品种（图1-7）。1993年通过审定在美国推广，1995年中国烟叶生产购销公司从美国引进并进行检疫，无霜霉病等检疫病害，1996年参加新引美国烤烟品种比较试验，1997年参加全国烤烟良种区试，并同时进行生产试验示范，1997年通过了全国烟草品种审定委员会认定。

图1-7　RG11

RG11现蕾时植株为塔形，打顶后近筒形，株高95 cm，大田着生叶数24～26片，腰叶长椭圆形，长70～80 cm，宽28～30 cm，有效叶片数19～20片，叶尖渐尖，叶面较皱，花色粉红，花序松散。RG11移栽至中心花开天数55～60天，大田生育期117天，苗期和大田期生长势强，整齐。人工诱发抗性鉴定结果，抗黑胫病、青枯病，感赤星病、TMV。

RG11叶片比K326稍薄，其余指标与K326相当。RG11淀粉含量比K326低，其他化学成分与K326差异不大，含量适中，比例协调。RG11在楚雄、保山两点香气质比K326好，其余指标三个参试点的结果与K326大致相同，质量档次均属中偏上。

1. 栽培技术要点

RG11属耐肥品种，需肥量与K326相当，一般每公顷施纯氮105～120 kg，生产种植中要注意氮、磷、钾的合理配比，做到适时打顶。提倡现蕾打顶，留叶20

片左右，使施肥量、打顶时期和留叶数相适应，以保证产量和品质，提高效益。由于RG11易感TMV和赤星病，因此应注意这两种病害的防治工作。

2. 调制技术要点

RG11易烘烤，与K326的烘烤技术大致相同，适于三段式烘烤技术，但RG11叶片稍薄，第二阶段当烟叶变黄九成时，即可转火升温，第三阶段温度以65～68℃为宜，不得超过68℃，以保证有充足的香气。

3. 适宜种植地区

根据多点试验，可以看出RG11在云南各烟区以及贵州、福建、山东、陕西等肥水充足的地方均可有选择地推广种植。

八、RG17

RG17是美国RG种子公司用K326和K399杂交育成的烤烟新品种，该品种1995年引入我国，1999年通过审定（图1-8）。同年中国烟叶生产购销公司从美国引进，在海南省检疫试种，无霜霉病。1996年云南省烟草科学研究所引进试种，1997年再次试种，1998年参加全国烤烟良种区域试验，并且进行全国生产示范，1999年1月通过全国烟草品种审定委员会认定，2000年7月通过了云南省烟草品种审评委员会审评。

图1-8　RG17

RG17植株塔形，封顶株高90 cm，大田着生叶数24～26片，有效叶片数19～20片，腰叶长椭圆形，长70.5 cm、宽26.47 cm，叶尖渐尖，叶色绿，叶缘波浪状，叶面略皱，花序松散，花冠淡红色，茎叶角度中等，移栽至中心花开53天，大田生育期117天。人工诱发抗性鉴定结果，RG17中抗黑胫病，高抗青枯病，中抗根结线虫病，感赤星病、TMV。

RG17烟叶的结构、身份、油分和色度优于K326。RG17总糖、还原糖、淀粉含量比K326低，而K20含量比K326高，说明RG17的K20、烟碱及糖碱比值比K326更适宜。各种化学成分含量适宜、协调。

1. 栽培技术要点

RG17是耐肥品种，一般每公顷施纯氮105～135 kg。氮、磷∶钾比例为1∶1∶2～2.5为宜。施肥方式以底肥和追肥各一半。RG17感赤星病和TMV，因此应注意这两种病的防治。一般苗期喷施植病灵或金叶宝可防治TMV，在采烤中后

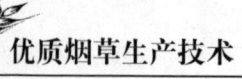

期，应及时防治赤星病，以保证烟叶能充分成熟采烤。

2. 调制技术特点

RG17易于烘烤，与K326烘烤技术相当，适于三段式烘烤技术。干筋期注意温度以65～68℃为宜，不得超过70℃。以防香气散失。

3. 适宜种植地区

RG17在云南各烟区生长正常，产量、质量与K326相差不大，因此适宜在云南各烟区种植。

九、Speight G-28

Speight G-28是美国斯佩特种子公司先用Oxford-1-181与Corker 139杂交至第四代，又与NC95杂交选育而成的烤烟品种（图1-9），1969年在美国推广，1972年引进我国。

株式塔形，株高110～148 cm，节距4.07～5.37 cm，茎围9.74～9.80 cm，叶数24～26片，可采叶18～20片。腰叶长53.7～62.7 cm，宽25.6～28.0 cm，椭圆形，叶色绿色，叶面较皱，叶尖急尖，叶缘皱褶状，叶耳小，主脉较细，叶肉组织细致，茎叶角度中等。花序集中，花冠深红色。

图1-9　Speight G-28

移栽至中心花开放53～55天，大田生育期120～126天。田间生长整齐，腋芽生长势强。高抗黑胫病，中抗青枯病、南方根结线虫病，抗爪哇根结线虫病，易感气候性斑点病。

每公顷产量2 070～2 400 kg。原烟多橘黄色，油分多，光泽强，身份适中，叶片结构疏松，主脉细，出丝率高，单叶重9.86克，主筋比27.33%；总糖24.20%～30%，还原糖22.35%～26%，烟碱1.29%～2.50%，蛋白质7.56%、总氮1.13%左右，施木克值3.20；评吸香气质好，香气量尚足，杂气微有，劲头适中，刺激性微有，余味尚舒适，燃烧性强，灰色灰白。

1. 栽培技术要点

Speight G-28耐肥，适宜在中上等肥力田块种植，每公顷施纯氮105～135 kg，氮、磷、钾比例1∶1∶2为宜，密度1 100株/公顷，单株留叶18～20片。

2. 调制技术要点

Speight G-28叶片厚薄适中，含水量少，容易烘烤，变黄期温度下部叶在37～38℃、中上部叶36～37℃。干湿球差2～3℃，定色期要慢升温，边稳温边排湿，干筋期温度不能超过68℃，湿球温度不超过42℃，直到烟筋烤干。

十、V_2

V_2于1986年从美国引进云南，亲本不清，1990年参加云南省新品种预备试验。1996年通过全国烟草品种审定委员会审定（图1-10）。

株式塔形，株高120～140 cm，节距4.6～5.2 cm，茎围9.5～10.6 cm。叶数22～24片，可采叶18～21片。腰叶长椭圆形，叶面略皱，叶色绿色，叶尖急尖，叶缘波浪状，叶耳大，叶片较厚，主脉较细，叶肉组织细致，茎叶角度中等，腋芽生长势强。花序松散，花冠淡红色。

图1-10 V_2

移栽至中心花开放55天，大田生育期120天左右。高抗黑胫病，中抗普通花叶病，抗爪哇根结线虫病，感北方根结线虫病和南方根结线虫病，中感野火病、赤星病。

每公顷产量2 100～2 610 kg，上等烟比例高。原烟橘黄、正黄色，油分多，光泽较强，身份适中，叶片结构疏松，主脉细；总糖28.7%、烟碱1.80%、蛋白质9.2%、总氮1.8%左右、施木克值3.1、氮碱比0.98；评吸香气质好，香气量尚足，杂气微有，劲头适中，刺激性微有，余味尚舒适，燃烧性强，灰色灰白，质量档次中。

1. 栽培技术要点

V_2品种宜在中等肥力田块上种植，每公顷施纯氮120～150 kg，氮、磷、钾比例1：1：2，密度16 500株/公顷，单株留叶20～22片。

2. 调制技术要点

易烘烤，分层落黄好，中部叶成熟采收，上部叶充分成熟采收。下二棚叶片大而薄，含水量多、烟筋粗，容易产生枯烟。中上部叶易烘烤，一般变黄期温度32～42℃，时间50～60小时，定色期43～55℃，30～40小时。干筋期温度不超过68℃，时间25～30小时，顶叶各阶段可适当延长，注意升温不过急，不掉温。

十一、云烟317

云烟317是云南省烟草科学研究所1987年用云烟4号作母本，K326为父本杂交选育而成（图1-11），1997年通过全国烟草品种审定委员会审定推广。

株式筒形，株高125 cm、节距5.12 cm、茎围9.96 cm、叶数25片左右。腰叶长椭圆形，叶面较皱，叶尖钝尖，叶缘波浪状，主脉粗细中等，叶肉组织细致，茎叶角度中等。花序集中，花冠红色。移栽至中心花开放51天，大田生育期120天左右。田间生长整齐，腋芽生长势弱。高抗黑胫病，抗爪哇根结线虫病，中抗北方根结线虫病，感南方根结线虫病，中感野火病和普通花叶病。

图1-11　云烟317

一般每公顷产量2 250～2 775 kg，原烟多橘黄色，光泽中等，油分有；总糖25.88%～29.90%、烟碱1.81%～1.96%、蛋白质8.61%～10.78%、总氮1.72%～2.04%、施木克值2.50～3.46、氮碱比0.88～1.13、糖碱比15.03～15.25；评吸清香型，香气质好，香气量尚足，杂气微有，劲头适中，刺激性微有，燃烧性强，灰色灰白。

1. 栽培技术要点

云烟317不耐肥，宜在中等肥力地块种植，每公顷施纯氮90～120 kg，每公顷16 500株左右，宜在现蕾后及时打顶，在南方根结线虫病高发区不宜种植。

2. 调制技术要点

云烟317容易烘烤，烘烤特性与K326相似，可按K326的烘烤技术烘烤，注意采收适熟叶，不能采过熟叶。

第三节　地方晒晾烟主要品种

一、青梗

广东省南雄地方晒黄烟品种。该品种植株筒形，株高144 cm，节间较疏，茎叶角度大。叶数26片左右，腰叶长49 cm，宽21 cm，叶柄长6～7 cm，叶片长卵圆形，叶色浅绿，叶面茸毛少，叶尖渐尖，主脉细。花序密集，花冠紫红色，蒴果椭圆形。大田生育期130～150天。适应性广，生长势中等，耐旱。抗黑胫病，易感白粉病。

一般每公顷产量1 125～1 875 kg。调制后叶色黄亮，弹性稍差，耐贮藏。原烟含总糖23.35%，蛋白质7.83%，总氮1.53%，烟碱1.54%。香气尚足，劲头稍大，近烤烟香型。

适宜在排水较好的地块种植。每公顷栽植24 000～27 000株，留叶17～19片。要早摘除脚叶，预防白粉病。晒制时先用铁针将叶片主脉划破，按鱼鳞状平铺在竹折上，晒时注意随叶色的变化逐渐加大人字形烟夹的角度，第二、第三天晚上加火定色烘干，最后平铺晒白。

二、千层塔

湖北省黄冈晒黄烟地方品种。该品种植株筒形，株高110～130 cm，茎围6～8 cm，节距5 cm。叶数27～32片，腰叶长33.7 cm，宽21.2 cm，宽椭圆形，叶色浅绿，叶片薄，叶面较平，主脉细。花序繁茂，花冠淡红色。大田生育期94～113天，生长势较强，耐旱，黑胫病较重。

一般每公顷产量1 200～1 500 kg。晒制后叶色淡黄或正黄，尚油润，叶片薄而小，组织细致。原烟含总糖12.31%，烟碱1.29%，总氮1.78%，蛋白质9.75%。半香料烟香型，劲头小。

多种植在丘陵坡地，土层较薄。一般每公顷栽植30 000株，留叶16～18片。实行轮作，减少黑胫病发生。晒制分拍筋、上折、初晒、复晒、反晒、倒折、合捆等过程。

三、歪尾巴

云南省蒙自晒黄烟地方品种。该品种植株塔形，株高110～130 cm，茎围7.9～10.1 cm，叶数18～22片，腰叶长52～54 cm，宽27.1～32.4 cm，宽椭圆形，叶耳小而包茎，叶色浅绿，叶面较皱，叶尖渐尖，主脉歪生，叶尖偏向一边，叶片较厚。花序密集，花冠淡红色。大田生育期100～110天，腋芽长势强，耐旱、耐肥。轻感黑胫病及赤星病。

一般每公顷产量1 500～2 250 kg。晒制后烟叶鲜黄明亮，油润丰满。含总糖

17.59%，还原糖15.83%，蛋白质8.53%，总氮1.90%，烟碱3.08%。原烟评吸吃味醇香，刺激性轻，燃烧性强。所产烟叶为蒙自刀烟原料。

该品种对季节敏感性强，要适时播种移栽，每公顷栽植21 000 ~ 22 500株。注意控制氮肥，增施磷钾肥。烟叶采收后蘸泥浆水上串，挂于晒烟架上晾晒。

四、小花青

湖南省凤凰烟农于1978年从地方品种小花中单株选育而成，是凤凰晒红烟主要栽培品种。该品种植株塔形，株高133 ~ 151 cm，茎围8.2 cm，叶数25 ~ 28片。腰叶长45.8 cm，宽24 cm，叶柄长6.6 cm，叶形卵圆形，叶色绿，叶面平，叶尖渐尖，叶耳小，叶翼宽，组织较细致，花序松散，呈伞状。大田生育期103天。耐肥，抗风，适应性较强。

一般每公顷产量2 250 ~ 2 625 kg。晒制后叶色红黄，油分多，厚薄适中。含总糖5.00%，烟碱6.92%。原烟评吸香气浓郁，劲头适中，余味舒适，燃烧性强，灰分洁白。

适宜种植在中上等肥力土壤，每公顷栽植15 000 ~ 19 500株，单株留叶18 ~ 22片。叶片成熟后一次收割，索挂晾晒。

五、白花铁秆子

四川省什邡晒烟地方品种。该品种植株塔形，株高160 cm，茎围7 ~ 9 cm，节距中等，叶数18片左右。腰叶长50 cm，宽27 cm，宽椭圆形，叶色深绿，叶面较皱，叶尖渐尖。叶脉细，打顶后主脉向一侧弯曲。花序繁茂密集，花冠白色，蒴果卵圆形。大田生育期90 ~ 100天。生长势中等，前期生长慢，后期较快。抗逆性强，较耐旱，花叶病和赤星病较轻。

一般每公顷产量2 250 kg。晒制后叶色红亮，叶片油润，弹性强，组织细致。化学成分协调、适宜。原烟评吸有雪茄型香气，味正醇香，燃烧性好，烟灰白色。

宜早栽，一般每公顷栽植30 000株左右为宜。晒制方法同索晒红烟。

六、塘蓬（密节企叶）

广东省廉江晒红烟地方品种。该品种植株筒形，株高110 ~ 120 cm，茎秆粗壮，节间密，茎叶角度小。叶数35 ~ 40片，腰叶长64 cm，宽16 cm，叶柄长

7~8 cm，叶片披针形，叶色深绿，叶尖尾状，主脉粗，叶片厚薄适中。花序密集，花冠淡红色。大田生育期140天左右。抗风，耐寒，不耐旱。对白粉病免疫，耐花叶病和赤星病。

一般每公顷产量1 500~2 250 kg，调制后叶色较淡。含总糖1.38%，蛋白质21.23%，总氮4.64%，烟碱3.71%。原烟评吸香气尚足，劲头适中。

适宜肥水条件较好的土壤，适宜冬种。每公顷30 000~33 000株，单株留叶20~22片。因主脉粗，水分大，晒时夹烟不宜过厚。

七、小牛舌

江西省广丰晒红烟地方品种。为广丰"紫老烟"主要栽培品种。该品种植株塔形，株高100~130 cm，茎秆较粗，叶数20~24片。腰叶长50 cm，宽30 cm，叶柄长5~6 cm，叶色深绿，叶片宽卵圆形，叶尖渐尖，叶片厚。花序茂密，花冠红色。大田生育期100天左右。适应性广，较耐旱，易感花叶病和青枯病。

一般每公顷产量2 250~3 000 kg。调制后烟叶呈紫褐色，光泽强，油分多。含总糖11.5%，还原糖7.06%，蛋白质16.22%，总氮3.40%，烟碱4.65%。原烟评吸香气足，劲头大，吃味纯净舒适。

一般每公顷栽植27 000~30 000株，单株留叶10~14片。分次采收，放3~4天，待叶片主脉萎软时，按叶片大小分别上烟折（烟夹）。两副烟夹南北方向相靠呈人字形成60°夹角，日晒夜露。

八、督叶尖秆软叶子

浙江省桐乡1972年从督叶尖秆品种中系统选育而成。为桐乡晒红烟主要栽培品种。该品种植株筒形，株高98 cm，叶数22~24片。腰叶长47 cm，宽28 cm，叶柄长4.5 cm，叶形卵圆，叶色浅绿，叶面较平，叶尖钝，叶耳小，叶片较薄。花序密集，花冠淡红色，蒴果卵圆形。大田生育期85~95天。抗黑胫病，易感花叶病和赤星病。

一般每公顷产量1 500~2 250 kg。调制后叶色深红，组织细致，筋脉细小，质地柔软，油分多，富有弹性和光泽。原烟含总糖1.33%，蛋白质12.29%，总氮3.63%，烟碱4.9%。原烟评吸香气足，劲头较大，刺激性较重，略带涩辣味。其中叶色浅褐而均匀、组织细致、片薄而油润和拉力强者可作雪茄包叶使用。

栽培上一般留叶17~20片。用竹折晒制。

九、八大香

吉林省延边朝鲜族自治州地方品种。该品种植株塔形，株高110~140 cm，叶数12~14片。腰叶长62.6 cm，宽33 cm，叶柄长4~6 cm，叶片卵圆形，叶色绿，叶面较平，叶尖渐尖，叶片较厚。花序繁茂较密集，花冠深红色。大田生育期77天左右。苗期起身快，大田期生长势强，叶片成熟较集中。

一般每公顷产量1 875~2 250 kg。调制后烟片棕褐色，光泽鲜明，组织细致。原烟含总糖3.86%，蛋白质15.93%，总氮3.12%，烟碱3.31%。原烟评吸香气足，吃味纯净，劲头适中。

适宜在肥水条件较好的沙壤土种植，一般每公顷30 000株左右，留叶10片左右。顶部叶片呈现黄斑时采收，串绳经自然变黄后晒制，待叶片基本晒干打露水2~3次。

十、武鸣牛利（牛利烟）

广西壮族自治区武鸣晾烟地方品种。该品种植株塔形，株高150~170 cm，叶数30片左右。叶片披针形，主脉细，叶尖急尖，叶色深绿，叶面多茸毛。最大叶长58 cm，宽18 cm，叶柄长7 cm，茎围8.5 cm，节距3.6 cm。大田生育期100~120天。耐肥、耐寒。抗黑胫病、花叶病，叶斑病较轻。

一般每公顷产量2 250 kg。晾制后叶片深褐色，油分足，弹性强。原烟含总糖2.13%，还原糖0.63%，烟碱4.34%，总氮2.12%，蛋白质8.56%，钾（K_2O）0.56%。香气足，吃味醇和丰满，燃烧性强，灰分洁白黏而不散，余味舒适，久有余香。

适宜沙质壤土种植。一般每公顷栽植24 000~27 000株，重施基肥，多次高培土，留叶18~20片。叶片成熟时整株割断收回，用竹竿串竿挂晾，叶片完全晾干后回软，将叶片带茎割下扎把并堆积发酵。

十一、马里兰609

1979年由美国引进。该品种植株筒形，株高140~165 cm，茎围9~10 cm，节距4.2~4.8 cm，茎叶角度小，叶数25~32片。腰叶长59.3 cm，宽29.6 cm，椭圆形，叶色绿，叶面较平，叶片较薄。花枝繁茂，花冠红色。大田生育期100~120

天。适应性广，生长势强。耐旱、耐涝，较耐肥。高抗黑胫病和根腐病，不抗花叶病，赤星病轻。

一般每公顷产量2 100～3 375 kg。晾制后叶色较淡，多呈浅棕红色，光泽稍暗，尚油润。原烟含总糖1.39%，蛋白质18.63%，总氮3.49%，烟碱2.92%。有似雪茄型香气，劲头稍小，燃烧性强。

选择有机质含量较高的土壤种植。适当早栽，盛花期打顶，叶片成熟采收晾制。

十二、马里兰872

美国马里兰州烟草试验站用Md609和抗多种病害的Wilson品系杂交选育而成。

该品种植株筒形，打顶株高100.4 cm，茎围9.4 cm，节距4.7 cm，叶数22片，叶形椭圆，叶色绿。大田生育期90天左右。抗黑胫病、野火病和气候性斑点病，赤星病和花叶病较轻。

一般每公顷产量2 290 kg。原烟外观质量红黄色，光泽鲜明，油分足，身份适中，品质优良。原烟含总糖1.33%，还原糖0.69%，烟碱3.35%，总氮2.64%，蛋白质12.90%，钾（K_2O）3.06%。

适宜在肥水条件较好的地块种植。晾制要注意及时通风排湿。

第四节　白肋烟主要品种

一、鄂烟1号

湖北省建始白肋烟实验站以美国引进MSBley21×KY10（雄性不育组合）与Burley37杂交组配而成的白肋烟一代种，1995年通过全国烟草品种审定委员会认定。

该品种植株塔形，株高130～165 cm，茎围9.5～11.0 cm，节距4.0～5.0 cm。叶数24～31片，腰叶长69 cm，宽26.1 cm；叶形长椭圆，叶色黄绿，叶面较皱，叶片较厚，主脉中等，茎和叶脉呈乳白色；花序密集，花冠红色；蒴果卵圆形。大田生育期95～108天，适应性广，生长势强，腋芽萌发快，较抗旱、耐涝，较

抗黑胫病和根黑腐病。

一般每公顷产量2 775 kg，晾制后叶色深棕红或深黄，尚油润，结构疏松。原烟（中下部二级）含总糖0.36%，蛋白质22.19%，总氮3.87%，烟碱1.85%。原烟评吸香气稍足，劲头较小，杂气较重。

适宜在中上等肥力土壤种植，一般每公顷栽植18 000～19 500株，单株留叶20～23片。适时整株或半整株采收，标准晾房晾制。

二、鄂烟2号

湖北省恩施烟叶复烤厂和中国农业科学院烟草研究所用MSKy14作母本，L8作父本组配的白肋烟雄性不育一代杂交种。1997年通过全国烟草品种审定委员会审定。

该品种植株筒形，打顶株高105 cm，茎围9.85 cm，节距4.78 cm，茎秆乳白色。可收叶数22片，腰叶长75.0 cm，宽35.2 cm，叶形椭圆，叶面稍皱，叶色绿，叶尖渐尖。大田生育期91天左右。耐肥、耐旱，适应性较广。成熟集中一致，适于整株采收晾制。高抗黑胫病"0"号小种，抗野火病和TMV，轻感赤星病。

一般平均每公顷产量2 502 kg。调制后原烟叶色红黄，光泽鲜明，厚度适中。整株烟叶含还原糖0.93%，烟碱4.11%，总氮3.67%，蛋白质15.44%，氮碱比0.89。香气质较好，香气量较足，劲头大，余味尚舒适。

适宜中上等肥力地块，一般每公顷栽18 000～19 500株，单株留叶18～22片。适时整株或半整株采收，标准晾房晾制。

三、TN90

美国田纳西州大学用Burley49与Pvy202杂交选育而成，1991年美国注册推广。1995年引入我国，1999年通过全国烟草品种审定委员会认定。

该品种植株筒形，打顶株高125 cm，茎围9.9 cm，茎叶角度小，节距4.2 cm。可收叶数25片左右，腰叶长65.8 cm，宽31.9 cm，叶形椭圆，叶色绿，叶面较皱，叶尖渐尖。花序较集中，花冠淡红色，蒴果卵圆形。大田生育期103天左右。田间长势强，耐肥，叶片成熟集中。中抗黑胫病和青枯病，中感赤星病。

一般每公顷产量2 380 kg左右。调制后原烟多为深红黄色，光泽强，结构疏松，厚度适中。原烟含还原糖1.11%，总糖2.41%。烟碱4.29%，总氮2.97%，蛋白质14.21%，钾（K_2O）2.91%。原烟评吸香气量较足，白肋烟香型风格较明显。

适宜中上等肥力地块，一般每公顷栽植19 950～21 300株，单株留叶22～24片。叶片成熟采收，整株或半整株晾制。

四、Ky8959

美国肯塔基大学用Ky8529与TN86杂交选育而成，1993年美国注册推广。1995年引入我国，2000年通过全国烟草品种审定委员会认定。

该品种植株筒形，打顶株高120～130 cm，茎围10.9 cm，茎叶角度小，节距4.26 cm。可收叶数29片左右，腰叶长65.9 cm，宽36.3 cm，叶形宽椭圆，叶色黄绿，叶面较皱，叶尖钝尖。花序较集中，花冠淡红色，蒴果卵圆形。大田生育期107天。耐碱、耐涝、较耐旱。上部叶成熟较快，整株成熟集中。中抗黑胫病，较耐花叶病和赤星病。

一般每公顷产量2 530 kg。调制后叶片红黄色，厚度适中，结构疏松。原烟含还原糖1.03%，总糖2.12%，烟碱4.23%，总氮2.71%，蛋白质12.38%，钾（K_2O）3.56%。香气量尚足，浓度较浓，余味尚舒适，劲头中等。

适宜种植在肥水条件较好的地块，每公顷栽植19 500～21 000株，单株留叶22～24片。叶片成熟采收，整株或半整株晾制。

第五节　香料烟主要品种

一、沙姆逊

1951年由土耳其引进。该品种植株筒形，株高110～130 cm，茎较细，节距3.4～4.5 cm。叶数28～34片，腰叶长14～16 cm，宽10～12 cm，有叶柄，叶柄长4～5 cm。叶片宽卵圆形，叶尖钝，叶色浅绿，叶面略皱，花冠红色。大田生育期120天左右。耐旱、耐瘠薄。易感黑胫病和青枯病。

一般每公顷产量750～900 kg。调制后叶片呈橙黄或棕黄色，光泽鲜明，油润。原烟总糖14.5%，烟碱1.49%。香气足，吃味纯净舒适，燃烧性强，劲头适中。

宜选择土层浅，有机质含量较低，表土较疏松的地块种植。每公顷82 500～90 000株为宜。一般不打顶，分次采收，先晾后晒。

二、卡玛蒂尼·巴斯玛

自希腊引进。该品种株高100～120 cm，茎围3.3 cm，节距31 cm。有效叶数31片。腰叶长18.65 cm，宽8.3 cm，叶形椭圆，叶色绿。叶面略皱，叶尖钝尖，主脉细，无叶柄。花冠红色，花序紧凑。大田生育期100～110天。田间生长快，抗旱能力强。中抗白粉病，耐花叶病。

一般每公顷产量1 050～1 200 kg。调制后原烟多为橘黄色，叶片较厚，烟碱含量一般小于1.5%，总糖含量16%～22%，香气足。适宜新疆、云南干旱地区种植。

三、克萨锡·巴斯玛

自希腊引进。该品种株高90～120 cm，茎围3.3 cm，节距3.2 cm。有效叶数25～28片，茎叶角度小，腰叶长18.4 cm，宽9.0 cm，叶形椭圆，叶色深绿，叶面较平，叶尖钝尖，叶脉较细，无叶柄。大田生育期115天。抗黑胫病，中抗丛枝病，易感白粉病。

调制后原烟多为金黄色，结构疏松，厚度适中。在云南保山烟碱一般小于1%，总糖16%～22%，香气足。适宜山区、半山区沙壤土种植。

四、沙姆逊·杰尼科

自土耳其引进。植株塔形，株高130～150 cm，茎围3.6 cm，节距3.6 cm。有效叶数38～40片，叶片小而薄，侧翼宽，呈牛舌状。大田生育期110～115天。调制后原烟介于淡红色和深红色之间，有弹性，韧性好，填充性好，具有舒适的甜味和特殊的香气。烟碱含量小于1.5%，含还原糖6%～10%。目前主要在湖北省十堰香料烟产区种植。

第六节 黄花烟主要品种

一、大叶烟（大暑烟）

甘肃省兰州一带的黄花烟地方品种。该品种植株塔形，株高90 cm左右，茎围7～8 cm，节距5～6 cm。叶数20片左右，最大叶长26 cm，宽25 cm，有叶柄，柄长7~8 cm。叶片心脏形，色深绿，叶面皱。花枝繁茂，花冠黄色，蒴果大。大田生育期90~100天。耐低温、耐肥水。

一般每公顷产量3 000 kg左右。原烟含烟碱3.85%，总糖12.01%。香气足，劲头大而醇和。是制作兰州水烟的优质原料。

宜选择土质肥沃、灌溉条件好的地块，育苗或大田直播均可。一般每公顷种植37 500株左右为宜，单株留叶15~17片。收获和晒制方法视其用作绿烟或用作黄烟而不同。

二、高秆莫合烟

新疆维吾尔自治区伊宁黄花烟地方品种，属斯卡巴变种。该品种植株筒形，株高250~300 cm，茎围10 cm，节距8 cm，叶数25~30片，最大叶长32 cm，宽33 cm，有叶柄，柄长11 cm，心脏形，叶尖钝，叶色绿，叶面较皱。花枝疏散向上，花冠黄色。大田生育期90天。耐低温，耐肥。病害轻。

一般每公顷烟叶产量2 250 kg，茎秆产量4 500千克。调制后叶片绿色，组织细致。原烟含总糖7.54%，还原糖2.97%，总氮2.54%，蛋白质13.13%，烟碱2.54%。是制作莫合烟的优质原料。

宜选择土质肥沃，浇水方便的地块种植。一般每公顷种植75 000~90 000株为宜，单株留叶15片左右。叶片成熟时，先收叶晒干或晾干，茎秆留在田间经自然干燥再砍收，砍收时应带主根。

第二章　烟草的生产和品质

　　广大烟农生产烟草的目标应该是"优质、适产、高效"。三者具有相辅相成的内在联系，只要以优质为核心，求得适当高的产量，必将获得可观的经济效益。为此，在发展烟草生产之前必须明确什么是优质、什么是适产以及他们之间的辩证关系。

第一节　烟草生产的特点和产量

一、烟草生产和品质的关系

　　在烟草生产中，烟叶的产量和品质往往是对立的。在一定的环境条件下，在适当的产量范围内，烟叶的外观品质和内在品质均好，化学性状和物理性状能很好地适宜加工工艺的要求。然而，超出了这个产量范围，烟叶质量便急剧下降。例如，在产量过低的情况下，烟株往往发育不良，出叶数少，烟叶小而薄，油润度差，色泽差，内含物累积不足，吃味平淡，内、外在质量变劣。又如，产量过高，烟叶品质也不良。分两种情况，一种是追求单位面积上株数，或单株留叶数，使个体发育不良，互相遮荫，烟叶的光、温、湿、风等环境条件和营养条件变劣，因而烟叶长得小而薄，内含物不充实，质量下降；另一种是水肥供应过度，或者密度过稀，使烟株生长过旺，烟叶大而厚，单叶过重，内含物不协调，容易引起病害，烤后叶片杂色多，品质极差。以上说明为什么要优质适产，不提倡高产。产量和品质之间的关系，处理不好就是一种对立关系，处理好则是协同关系。所以，广大科技人员和烟农，应统一认识，拿出科学种烟的方法，做到产量和品质的和谐统一。

二、烟草生产的特点

　　种植烤烟对于广大烟农来说，首先必须明确烤烟生产的目的，就是能为卷烟厂提供优质原料；与此同时，按照优质优价的原则，自己也可以获得丰厚的经济回报。

为此，需要了解烟草的生产特点。

1. 烟草对操作技术要求十分严格

在一个地区种植水稻或玉米，各个农户之间的收入一般不会有太大的差别。但是，种植烟草则不同，有的农户每亩收入可多达3 000元，而有的则可能不足300元。关键在于技术上的差别。烟草种子很小，培育成高大的烟株，肥硕的烟叶，这需要依靠精湛的技术。同样是很好的鲜烟叶，有的烤出橘黄色高等级烟叶，有的却烤出一炉青烟、黑糟烟，甚至是臭烟。有的农户烟田管理得清清秀秀，而另一些农田却病虫草害伤痕累累。这种鲜明的对比，表明了烟草生产的每一个环节都十分讲究技术。一丝不苟地按科学的操作技术做事，必将获得丰厚的回报，而技术没入门，是绝对生产不出优质烟叶来的。

2. 烟草对环境条件最为敏感

烟草的适应能力很强，从温带到热带，从低海拔平原到高海拔（2 400 m以上）山地，从酸性、中性乃至碱性土壤均可以生长。但是，不同生态条件下所产烟叶的质量却大不相同。我们国家从东北到西南，从海滨到内陆虽然都有烟草分布，但是，在光照和煦、气温适宜、雨水充沛、土壤条件适宜的地区，所产烟叶必定深受国内外厂家的欢迎。而那些阴雨寡照，气候冷凉或过热，土质黏重、过酸、过碱地区所产烟叶质量往往是很差的。以上均说明烟草对生态环境的要求是非常严格的。广大烟农发展烟草生产时，一定要将生产安排在最适宜区和适宜区，尽量避免次适宜区生产。

3. 烟草生产用工量多

烟草是一种生产用工量较多的作物。这是由于优质烟叶生产技术含量高，对环境条件敏感，生产工序繁多所决定的。1984年云南省玉溪市科技人员对当地的主要农作物生产用工量的调查指出：每亩烟草用工量为51.4个，水稻27.5个，玉米12.9个，麦田26.7个，蚕豆10个，油菜33.3个，甘蔗31.9个，蔬菜48.2个。可见，栽培烟草每亩用工量是最多的。要生产优质烟叶必须有足够的劳动力作保障。一般一个劳动力仅能负担5亩左右的烟田，这也是发展烟草生产必须考虑的问题。

4. 高投入高产出

烟草生产环节多，为了保证优质烟叶的形成，必须加大比一般作物更多的生产投入。比如，肥料投入、农药投入、育苗投入、烘烤投入、建盖烤房投入等均

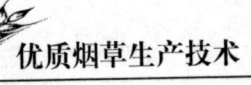

比其他作物多。只有投入到位，才能确保优质烟叶的生产，才能有较高经济效益的兑现。否则，得不偿失。

在多种作物比较中，烟草的亩产值是比较高的。据陕西省调查，烟草的亩产值是玉米的4.29倍，是棉花的6.9倍，是小麦的7倍，是油菜的8.7倍。烟草主产区很多农户由于种烟而脱贫致富奔小康，很多乡镇由于发展烟草生产增加了利税收入，盖起了高楼大厦，带动了乡镇企业的发展。

可见，烟草的确是一种投入高，产出亦高的经济作物。大力发展烟草生产，在我国社会主义新农村建设中，必将发挥越来越大的作用。

5. 烟叶生产工序繁多

烟草和一些粮食作物一样，虽然也要通过播种、水肥管理、中耕除草，直至收获，但是由于种子细小，又由于是以叶片为主要生产目的物，如何保护烟叶不受病虫侵害，如何使烟叶发育正常，并确保烘烤出合格的优质产品，不得不增加一系列生产工序。如漂浮育苗、假植、移栽、打脚叶、打顶、打杈、分次采收、编烟、装烟、烘烤、理烟、扎把后，方可作为商品出售。可见，生产工序要比一般农作物多得多。有人把播种至大田生长期间的各道工序算作一个大环节，成熟采叶算作一个环节，烟叶烘烤和分级扎把算作一个环节，三者对商品烟叶质量形成的重要性，各占1/3。不论哪个大环节出问题，都会对烟叶质量造成不可挽回的影响。实际上，在每个大环节中的某一道工序出问题，势必会影响到大环节的完整性，自然也会影响烟叶的利用价值。例如，大田生长期间烟叶罹受黑颈病，一定会使产量和品质蒙受损失；在采收环节，掌握不住成熟度，致使黑糟烟比例增加，都会使优质烟叶减少，产量降低。可见，烟草生产的工序繁多，而且每道工序都重要，这是优质烟叶生产的又一特点。

6. 烟草生产强调"优质、适产、高效"

烟草生产与其他农作物强调"高产、优质、高效"不同，烟草生产提倡"优质、适产、高效"的生产指导方针，把烟叶产品质量放在优先考虑的地位，把产量放在从属于质量的地位，如此才能取得较高的经济回报。

从卷烟消费市场上看，从消费无嘴棒烟到消费全嘴棒烟，而今人们更关心的是安全性烟。随着人们生活水平的不断提高，吸烟者对烟的质量，对安全性提出越来越高的要求。烟叶是优质卷烟的基础，优质而且受吸烟者欢迎的卷烟离不开优质烟叶。因而厂家从收购价格上鼓励烟农生产优质烟叶，最好的烟叶比最差的烟叶价高几十倍之多。

烟叶的质量和产量是一个对立统一体。在一定范围内随着单位面积产量的提高，烟叶质量在不断上升；但是超过了这个产量范围，烟叶质量便开始下降，产量越高，品质越差，并且单位面积产值也随之降低。因此，广大烟农应该掌握烟草生产这一特点，在充分保证生产优质烟叶的前提下，争取适宜的产量，以求得最高的经济回报。这就是"优质、适产、高效"的真正含义。美国等烟草生产先进国家研究指出：亩产150（±15）kg烟叶的品质是最好的。他们叫作"优质定产"，不妨作为广大烟农树立质量目标的参考。

三、烟叶的产量

除了品质之外，烟农还必须关注烟叶的产量。在获得优质烟叶的同时，期望较多的产量，这样才能获得较高的经济效益。因此，应该了解烟叶产量是由哪些因素构成的，还需要了解怎样控制产量构成因素，进而取得满意的产量。

1. 烟叶产量构成因素

烟叶的产量是由单位面积上的总叶数和单叶重量构成的。单位面积总叶数，又可以分解成单位面积栽烟株数和单株叶片数。可以用下式表示：

单位面积产量（克/亩）=密度（株/亩）×留叶数/株×单叶重（克/叶）

可见，烟叶单位面积产量与密度、单株留叶数及单叶重3个产量的构成因素有关。若取得适宜的单位面积产量必须从这3个方面入手。

（1）调节单叶重

在密度和单株留叶数不变的情况下，随着平均单叶重量的增加，单位面积产量也会逐步增加。但是，叶重过大或过小的叶片质量都不好。

（2）调节单株留叶数

单株留叶数少，单位面积产量低；随着单株留叶数增加产量在逐步增加；但是当单株留叶数过多时，会使小叶数量增多，虽然单位面积产量增加了，但会使平均叶重减轻，质量下降。

（3）调节密度

在单株留叶数不变的情况下，密度较稀时，则单个烟叶长得大而重，但总体产量不高；随着密度增加，单叶重和叶面积在逐渐减少，外观质量和内在品质则逐渐变好；但是超过一定密度，叶重和叶面面积变得更小，总体产量虽然有所增加，但是质量变劣。

2. 与烟叶产量构成因素有关的条件

（1）品种

不同品种之间在株高，单株叶片数量，叶片大小，厚薄，对病虫害的抵抗能

力，对环境条件的适应能力，烘烤特性等都有所不同，因而单位面积产量便有所差异。

（2）种植区域间的差别

最适宜区、适宜区种植的烟草比次适宜区和不适宜区的产量高。

（3）栽培水平与烘烤水平

农谚说得好，"三分种，七分管，十分收成才保险"，说明栽培管理水平与产量的关系很密切。生产实践证明：壮苗比弱苗产量高，适时移栽比过早过迟移栽的产量高，水肥管理好的比差的产量高；病虫害防治彻底的比防治不好或不防治的产量高，封顶打杈打脚叶认真的比不封顶打杈打脚叶的或不认真的产量高；中耕管理认真比不认真的产量高，坚持成熟采摘的比过早过迟采摘的产量高；烘烤技术水平高的比差的烟叶产量高。

因此，要取得较高的产量，加强栽培技术这一调控措施，实行科学烘烤是必需的。

第二节　烟叶的品质

在生产实践中，人们对烟叶质量的认识往往不尽一致，甚至分歧很大。烟农、地方政府官员、农业科技人员与烟叶的收购人员对烟叶质量评价时有分歧；烟草公司与烟厂在调拨烟叶过程中也常常出现矛盾。因此，如何客观地评价烟叶质量就显得格外重要。

宏观地看，市场（吸烟者）对质量的评价应该是第一位的；工厂依据市场需求，提出质量要求，是第二位的；烟草农业技术人员和烟农按照卷烟厂的质量要求实地生产是第三位的。也就是说，烟农生产的烟叶必须能最大限度地满足吸烟者和工厂的需求。工厂评价烟叶质量优劣常用的指标包括四个方面：烟叶的评吸质量、外观质量、化学品质和物理品质。其中，以评吸质量为主，兼顾外观质量，辅之以化学品质和物理品质。

一、评吸质量

评吸质量又叫内在质量，是指在不添加任何添加剂的情况下，加工成烟支后，评吸人员燃吸其烟气时感官感受到烟气质量的好坏。这种评价是各种评价方法中最基本的方法，最接近吸烟人群对烟质的评价。一般来说，评吸质量与外观质量、化学品质、物理品质具有很密切的相关性。评吸质量包括如下内容。

1. 香气

香气是指烟叶致香物质作用于嗅觉器官所产生的感觉。烟叶的香气和香味是两个不同的概念。所谓香气是指烟叶内部含有的挥发油类物质直接散发出来的气味；而香味是烟叶所含的甙类和树脂等物质在燃烧时产生烟气的味道。香气和香味都是评价烟叶质量好坏的重要标志，优质烟叶要求香气质好、香气量足。

2. 吃味

吃味是指烟气中所含各种物质的口腔味觉器官所引起的感觉，包括酸、甜、苦、辣或异杂味几种感觉。吸烟时人们感受的丰满性、醇和性，就是这些感觉的综合结果。

3. 劲头

所说的劲头是指烟碱（尼古丁）对人体生理、心理的刺激程度，所以劲头又叫作生理强度。烟支的烟碱含量多，对人体的刺激强烈，于是称作劲头大；相反，烟碱含量少，对人体刺激弱，就把它叫作劲头小。人们吸烟，往往是烟碱在人体内产生不平衡所引起的生理性或心理性的要求。不同吸烟者对劲头大小的要求不尽相同。从安全性方面考虑，劲头中下是比较适宜的。

4. 苦味和辣味

苦味和辣味分别由烟气对舌尖、舌根和喉所产生的感觉。烟叶中所含的蛋白质、含氮化合物偏多时，苦辣味就会偏重，有时还会产生一种烧鸡毛的味觉，特别是烟叶所含糖类物质及有机酸偏低时，苦辣味尤为严重。

5. 杂气

杂气包括"青杂气""枯焦气""土怪气"及一些地方性杂气。这是一种非常不好的质量性状，对卷烟品质影响极坏。杂气产生的原因比较复杂，一般与烘烤时叶绿素降解不彻底、蛋白质种类、土壤条件或烟叶贮藏地点不当、包装物质不良等因素有关。

6. 刺激性

刺激性是指烟气对口腔、舌、喉部、鼻腔引起的刺、呛、辣等不愉快的感觉。引起刺激感觉主要来自于挥发性碱类物质，其中主要包括氨、游离烟碱、木质素、纤维素等物质。它们在燃烧时的挥发作用，或产生了甲醇，从而引起刺激

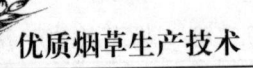

感觉器官的不良感受。

烟叶评吸结果中，香气质好，香气量足，吃味丰满而醇和，劲头适中，少有或没有苦辣味，没有或少有刺激性，没有杂气，便是优质烟；相反，香气质差，香气量少，吃味不醇和，劲头过大，有强烈的刺激性，苦辣味和杂气重，定是劣质烟叶。

二、外观质量

所谓外观质量是指人们通过观察、手感和利用测试仪器来判断烟叶品质的优劣。广大烟农对外观质量评价十分熟悉，这就是"烤烟40级品质规定"的国家标准（见表2-1）。以下就有关内容进行重要说明。

表2-1　烤烟40级品质规定

组别		级别	代号	成熟度	叶片/结构	身份	油分	色度	长度（cm）	残伤（%）
下部（X）	柠檬黄（L）	1	X1L	成熟	疏松	稍薄	有	强	40	15
		2	X2L	成熟	疏松	薄	稍有	中	35	25
		3	X3L	成熟	疏松	薄	少	淡	30	30
		4	X4L	假熟	疏松	薄	少	淡	25	35
	橘黄（F）	1	X1F	成熟	疏松	稍薄	有	强	40	15
		2	X2F	成熟	疏松	稍薄	稍有	中	35	25
		3	X3F	成熟	疏松	稍薄	稍有	弱	30	30
		4	X4F	假熟	疏松	薄	少	淡	25	35
中部（C）	柠檬黄（L）	1	C1L	成熟	疏松	中等	多	浓	45	10
		2	C2L	成熟	疏松	中等	有	强	40	15
		3	C3L	成熟	疏松	稍薄	有	中	35	25
		4	C4L	成熟	疏松	稍薄	稍少	中	35	30
	橘黄（F）	1	C1F	成熟	疏松	稍薄	多	浓	40	15
		2	C2F	成熟	疏松	中等	有	强	40	15
		3	C3F	成熟	疏松	中等	有	中	35	25
		4	C4F	假熟	疏松	稍薄	稍有	中	35	30

续表

组别		级别	代号	成熟度	叶片/结构	身份	油分	色度	长度（cm）	残伤（%）
上部（B）	柠檬黄（L）	1	B1L	成熟	尚疏松	中等	多	浓	45	10
		2	B2L	成熟	稍密	中等	有	强	40	20
		3	B3L	成熟	稍密	中等	稍有	中	35	30
		4	B4L	成熟	紧密	稍厚	稍有	弱	30	35
	橘黄（F）	1	BIF	成熟	尚疏	松稍	厚多	浓	45	15
		2	B2F	成熟	尚疏松	稍厚	有	强	40	20
		3	B3F	成熟	稍密	稍厚	稍有	中	35	30
		4	B4F	成熟	稍密	厚	稍有	弱	30	35
	红棕（R）	1	BIR	成熟	尚疏松	稍厚	有	浓	45	15
		2	B2R	成熟	稍密	稍厚	有	强	40	25
		3	B3R	成熟	稍密	厚	稍有	中	35	35
杂色（K）	完熟叶（H）	1	HIF	完熟	疏松	中等	稍有	强	40	20
		2	H2F	完熟	疏松	中等	稍有	中	35	35
	中下部（CX）	1	CX1K	尚熟	尚疏松	薄	少	—	35	20
		2	CX2K	欠熟	尚疏松	薄	少	—	25	25
	中下部（CX）	1	BIK	尚熟	稍密	稍厚	有	—	35	20
		2	82K	欠熟	紧密	稍厚	稍有	—	30	30
		3	83K	欠熟	紧密	厚	少	—	25	35
	光滑叶（S）	1	S1	欠熟	紧密	稍薄	有	—	35	10
		2	S2	欠熟	紧密	稍厚	少	—	30	20
	下二棚（X）	2	X2V	尚熟	疏松	稍薄	稍有	中	35	15
	中部（C）	3	C3V	尚熟	疏松	中等	有	强	40	10
杂色（K）	中下部（CX）	2	CIV	尚熟	稍密	稍厚	有	强	40	10
		3	B3V	尚熟	稍密	稍厚	稍有	中	35	10
	青黄色（GY）	1	GY1	尚熟	尚疏松至稍秘	稍薄稍厚	稍有	—	30	20
		2	GY2	欠熟	稍密至紧密	稍薄稍厚	稍有	—	30	20

1. 烟叶着生部位

烟叶在烟株上着生的不同位置称为部位。收购时，分为上部叶、中部叶和下部叶。它们在形态特征，内在评吸质量、化学成分和物理特征上都存在明显不同，在加工使用方向上也各有渠道。一般以中部烟叶品质最好，上部叶次之，下部叶质量较差。所以在收购时，将部位列为主要的质量分组依据，烟农在扎把时应特别注意。

2. 成熟度

成熟度是指烟叶达到工艺成熟的程度。工艺成熟的鲜烟叶烘烤后仍有一定的体现。其特征是成熟斑多，组织结构疏松、有颗粒、柔软、香气浓。收购时可分为假熟、欠熟、尚熟、成熟和完熟几个档次。故恰当地判断鲜烟叶成熟程度，适时采收，科学烘烤是提高烟叶质量的一项重要手段。一般，工艺成熟的烟叶经烘烤，一些不利的化学成分逐渐分解消失，同时又形成了一些有利吸食的成分，使烟气协调，有良好的吸食品质。而完熟叶、尚熟叶、欠熟叶和假熟叶，由于在采收前营养物质积累不足，或营养物质消耗过多，致使化学成分不谐调，品质均不佳。可见，适时采收对提升烟叶质量是十分重要的。

3. 油分

所谓油分是烟叶结构细胞内含有的一种柔软半液体物质，触摸时有一种油油的感觉。烟叶外部油状物的油脂微滴，含有芳香油、树脂，是烟叶香气的前体物质之一。栽培技术差异，往往导致烟叶油分含量的差异，收购时，将油分分为多、有、稍有、少几个档次。可见，提高规范化栽烟水平，增加油分含量是十分重要的。

4. 身份

身份一般是指烟叶的厚薄及细胞结构和油分多少的综合表现，体现烟叶干物质积累的程度，即单位叶面积的重量。在40级收购标准中，身份特指叶片的厚度或者单位叶面的重量。厚度分薄、稍薄、中等、稍厚和厚五个档次。烟叶的厚度与其着生部位和植物营养累积有关，一般上部叶厚于中部叶，更厚于下部叶；田间管理、品种、营养物质积累强度对烟叶厚度影响都是非常大的。

5. 叶片结构

叶片结构是指细胞排列的疏密程度。通常用疏、密、松表示。"疏"是指细胞疏密适当，叶片色泽饱满，有韧性、弹性好，用手紧握烟叶时，很容易恢复原状，而不发生叶片黏结难以松散的现象。成熟度好的中部烟叶多表现为疏。而"密"的烟叶，细胞排列紧密，细胞间隙小，结构紧密，韧性尚好，但外表粗糙。"松"的烟叶，细胞排列疏松，韧性和弹性差，给人以脆弱的感觉，下部烟叶多属此类。

6. 颜色

烟叶烘烤后所显现的深浅不同的色相便是烟叶的颜色。这是反映烟叶内在质量优劣的很重要的外观性状。一般橘黄色烟叶质量最好，柠檬黄色次之，淡黄色、红黄色又次之，而青黄色及杂色烟质量最差。杂色烟香气质差，香气不足，杂气多，刺激性大。

7. 色度

所谓色度是指烟叶颜色的饱满程度对人们视觉的反应，即人们对烟叶颜色的均匀程度的感觉。色度与烟叶的油分含量有关，油润的烟叶色泽鲜艳。油分不足时，烟叶只有明暗的感觉，而无色彩鲜艳的感受。色度好的烟叶香气质好、香气足、杂气少、吸味纯净舒适；相反，色度差的烟叶，质量亦差。

8. 叶片长度

叶片长度是指烟叶从基部到叶尖的长短。40级烟叶收购标准要求中上部烟叶能在35～45 cm范围内（美国要求40～50 cm）；下部烟叶放宽到30～40 cm；各个部位烟叶再短，也不得小于25 cm。叶片长度与品种、施肥、水分及密度等有关。因此，强化大田期间栽培管理措施十分重要。

9. 残伤破损

残伤破损是指烟叶在大田生产、采收、烘烤、扎把、运输过程中不注意保护，使烟叶组织结构遭受破坏，从而失去成丝的强度、长度和坚实性，减低工业利用效率的状况。除上述情况外，烟叶在田间遭受病虫危害，烘烤不当而产生蒸片、焦枯叶以及机械损伤也可能产生破损。残伤破损烟叶香气受损，杂气、刺激性加重，质量较差。因此，规范农事操作，防治病虫害、科学烘烤，保持烟叶的完整性是十分重要的。

三、化学品质

多年来，人们多是凭借烟叶的外观质量和评吸质量来判断、评价烟叶的优劣，难免带有人为的主观色彩，同是一份烟，不同人的学识差异、技术水平差异

和感官认识差异等,往往评价结果不甚一致,这是完全可以理解的。在烟叶收购或调拨过程中买卖双方经常出现对质量认识偏差而引起纠纷,均暴露出仅从感官进行评价是有一定局限性的。为了能统一人们对质量的认识,化学家们经长期不懈的探索,试图从烟叶化学成分含量及其相互关系中,得到评价烟叶质量的客观指标。目前,已经取得了可喜的进展,现将常用的公认的主要化学品质指标简介如下。

1. 可溶性总糖

烟草可溶性总糖包含单糖和双糖,是影响卷烟吃味的主要化学成分之一。在一定范围内含糖量高,品质便好,但是含量过高会影响烟气的酸碱平衡,使酸味增加,香味减弱。一般可溶性总糖含量以23%～29%为好。

2. 烟碱(尼古丁)

烟叶中含有适量的烟碱是十分必要的,它可以满足吸烟者的生理需求和心理需要。因为吸烟者吸烟,目的就是感受烟碱的刺激。因此,不含烟碱的卷烟,肯定没有人问津,由于不含或少含烟碱,烟气平淡,没有劲头或劲头很小,香气也不会充足,满足不了吸烟者的生理和心理需要;相反,烟碱含量过多的卷烟,劲头过大,而且不安全性增加,肯定也不会受大多数吸烟者的欢迎。烟碱含量一般以2.5%～3%为宜。

3. 蛋白质

蛋白质在工艺成熟期含12%～15%,烘烤后有所减少,含量以8%～11%较为适宜。蛋白质含量过多,在燃烧时会产生难闻的烧鸡毛味道,而且燃烧不良,吸味苦涩、辛辣,且烟气呈碱性;蛋白质含量过少,则烟气不丰满充实,有偏酸的感觉。

4. 总氮(N)

烟草烟叶总氮含量多为1.5%～3.5%,最适为1.8%～2.1%。

总氮是指烟叶中所含的蛋白质、烟碱和可溶性氮化物(如氨基酸、硝酸和氨等)中的氮。其燃烧热解产物一般呈碱性,有强烈的刺激性和辛辣的焦枯味。因此,总氮含量过高,烟气辛辣、味苦,刺激性强烈;如果总氮含量较低,糖分含量过高,烟气平淡,显酸性,吃味也不好。当总氮和含糖量平衡时,烟气酸碱性协调,吃味才醇和,香气才充足。也就是说,烟叶中水溶性总糖和含氮化合物应有适当比例。

5. 施木克值

施木克值是总糖和蛋白质的比值，即：

$$施木克值=总糖量/蛋白质含量$$

因为卷烟品质多数是随可溶性总糖含量增加而质量在提高，而蛋白质则随等级提高而含量减少。因此，施木克值较大的烟质较好。但是含糖量过多，蛋白质过少，品质反而下降。一般施木克值以2.5～3.5为宜。

由于水溶性糖燃烧后产生酸性物质，而蛋白质燃烧后产生碱性物质。因此，施木克值实际上是烟气的酸碱性协调问题。施木克值不可过大的道理是酸性过强会使烟气平淡、多酸味，并且由于含氮物质过少，香气往往不足。

6. 总挥发碱

烟草总挥发碱含量以0.3%～0.6%为宜。含量低则烟味平淡，粗糙；含量高则出现浓烈的刺激性烟气和苦味。

7. 矿质营养物质

烟叶燃烧时各种有机物质分解化成烟气，而剩余部分便是灰分。灰分包括钾、钙、镁、磷、氯等矿质成分。这些成分是烟草生长发育不可缺少的营养物质，对产量、品质都有十分重要的影响。

矿物质中以钾最为重要，对燃烧性影响很大；其次是镁，对燃烧性有重要影响；而氯对烟叶产量和颜色虽有积极作用，但含量过多，则吸水多，对燃烧性有消极影响。所以，烟叶要求钾与氯之间需保持适当比例，以大于4∶1为宜。

8. 总糖/烟碱比值

总糖/烟碱比值，人们简称糖碱比。这也是经常用来衡量烟叶或卷烟优劣的指标。由于水溶性总糖的酸性热解产物可以中和烟碱的碱性热产物，因此，保持两者适当的比例是十分必要的。利用这个比值来衡量劲头大小，吃味是否醇和、是否有香味和刺激性。一般认为糖碱比以10左右为好，云南省专家的一些研究认为8～13为宜。

9. 烟叶的香味成分

烟叶本身的香气与燃烧后产生的香气并非完全一致。有的物质闻着香，燃烧后的烟气亦香；有的闻着不香，但是燃烧的烟气却很香。影响烟叶香气的成分主要有：挥发性的醇类、醛类、酮类、低级脂肪酸及其酯类；类胡萝卜素及非环萜烯的降解产物；类黑松烷巨环萜烯及其降解产物；棕色化反应的产物（在烟叶发

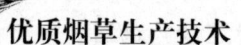

酵过程中，氨基酸与糖发生棕色化反应，可产生酮、醛类等化合物68种之多），这对香味都会产生积极作用。

10．烟叶的可用性

20世纪50年代以前，人们所说的烟叶品质，是指吃味醇和、气味芳香、刺激性小、劲头适中等。自从吸烟与健康问题提出来以后，安全性问题引起了人们普遍的关注。于是人们把对质量的认识又进一步深化，加进了安全因素，出现了烟叶"可用性"的概念。

前面阐明了烟叶的外观质量和内在质量都与烟叶的化学成分是否协调有关，而安全性问题也与化学成分含量关系密切。

吸烟时的烟气中，气相物占92%，而粒相物占8%。粒相物除去水分和烟碱，剩余物质被称作焦油。焦油是烟支有机物质不完全燃烧的产物。烟叶内有机物化学成分有5 200多种，其中，99.4%对人体健康无害，0.4%是癌症的促进剂，0.2%是致癌物质，如（3,4-苯并芘）、酚类、吡啶丙烯、苯酚蒽等。可见，吸烟对健康有害，主要是焦油含有致癌物质和致癌的促进剂。

另外，对烟碱也应重新加以认识。固然，这是吸烟者迫切需要感受的物质，但是，烟碱含量也不宜过多。过量吸入烟碱，对心脏和呼吸器官有不良影响。不仅如此，在烟草加工（烘烤、发酵）及吸烟过程中，会产生一种致癌物质——烟草特有亚硝胺（TSNA）。这是通过烟碱和少数烟草生物碱的亚硝化作用形成的。因此，从吸烟者健康出发，不仅应设法降低焦油的含量，烟碱含量也不宜太高。

烟叶评吸质量与外观质量之间存在极显著的相关关系。一般成熟度好、颜色橘黄、色度浓、身份好、结构疏松的烟叶，评吸质量，如香气质、香气量、吸味较好，劲头适中、杂气少、刺激性小。而成熟度不好的烟叶，结构紧密，叶色不呈橘黄，甚至是青片，色度差，烟支吸味必然不佳。烟叶的单叶重与化学成分含量，与烟叶的物理品质，与烟支的评吸品质（如香气量、劲头、刺激性等）也存在显著的相关关系。通过烟叶评吸质量与外观质量、化学品质、物理品质的相关分析还指出：通过规范栽培可以有效地控制烟株的田间长相长势，使烟株达到理想株型，从而做到烟叶评吸质量、外观质量、化学品质和物理品质的和谐统一，达到真正意义上生产优质烟叶的生产目的。

四、物理品质

烟叶的物理品质与卷烟工艺、卷烟的燃烧性能、有害健康物质的多少具有十分密切的关系。

1. 拉力

拉力是指烟叶在外力作用下发生断裂时的极限应力值。拉力大的烟叶弹性好、伸长量大，有利卷烟加工工艺，糙碎率低，成丝率高。打叶过程中，碎片率低，大片率高。

拉力大小与烟叶含水率关系密切。

2. 烟叶的吸湿性

烟叶的吸湿性是指在一定外界条件下，烟叶随着温度、湿度的变化含水率亦发生变化的特性。

具有正常吸湿性很重要。它可以帮助烟叶在烘烤后出炉时吸收空气水分而回软，减少破碎损失，保持烟叶的完整度。减少理烟、扎把、包装时的损失，也便于卷烟加工。但是，吸水能力过强也不好。过强会使烟叶含水率过大，影响吸食质量，抽吸费力，燃烧性不良，使烟气有害物质含量增加，不利健康。吸湿性过弱也不好，不仅容易破碎，加工比率低，而且吸食质量亦差。烟叶中氯的含量与吸湿性关系密切。因此，在合理施肥方面应特别关注。

3. 填充力

烟叶的填充能力大小是通过测定其切丝后的填充值进行评价的。烟叶的填充值是指单位重量的一定含水率的烟丝在一定的压力下，经过一定时间后所保持的体积，用cm^3/g表示。填充值高的烟丝卷制的烟支较轻，消耗的烟丝少，而且燃烧性较好；填充值低则相反。填充值的大小与烟叶产地、部位、等级、品种以及栽培措施关系密切。

4. 出丝率

出丝率是指可以用于卷烟烟丝重量占供测烟丝的总重量的比值。出丝率越高，工厂的成本越低。这也是一项重要的物理性状。出丝率高低与烟叶的含水率、拉力以及烟叶本身质量关系密切。为了提高烟叶自身质量，在生产过程中，规范栽培措施，实行科学烘烤是十分重要的。

5. 含梗率

烟叶含梗率是指叶片中直径≥1.5 mm烟梗重量占叶片总重量的比值。以22%～25%为最好,过多过少均不适宜。含梗率与烟草品种、施肥、密度等栽培措施有关。

6. 燃烧性

燃烧性是烟叶重要物理特性之一,包括以下几个方面。

(1)单叶重

单叶重是指单位叶片的重量。用以表示烟叶内含物的丰满程度。一般以每片烟叶7～9 g为宜。超过这个范围,要么营养过度,要么营养累积不足,烟叶质量较差。可见,实施规范化管理,特别是水、肥、密度管理,生产优质烟叶显得格外重要。

(2)阴燃持火力

这是指烟支点燃后,在不抽吸的状况下,能够继续燃烧的特性。阴燃持火力差的烟支,容易熄火。烟叶含钾、氯、淀粉、蛋白质等的数量与阴燃持火力大小关系密切。

(3)燃烧均匀性

这是指烟支燃烧面各个部分保持均匀燃烧的一种特性。其与烟丝的松紧度、均匀度、膨化烟丝的细度有关。

(4)燃烧完全性

这是指烟支内所含物质燃烧的充分程度。有机物质完全燃尽,烟灰呈白色,为燃烧完全;有机物质没有完全燃烧,烟灰灰暗,有的还呈黑色,为燃烧不完全。钾、镁等矿物质有助于烟支燃烧,而氯、硫等则不利。可见,科学合理施肥是至关重要的。

(5)烧结性

烧结性是指燃尽的烟灰凝聚力的大小。烧结性强的烟灰不易散落,凝聚呈团状;烧结性差的烟灰,每吸一口都要落灰。烧结性与烟叶含镁量多少有关。可见,施肥时注意镁肥适当补充很必要。

(6)燃烧速度

品质好的卷烟燃烧速度缓慢,品质差的往往燃烧过快,常给人以烧嘴和不过瘾的感觉。燃烧速度与烟支含水率、助燃的矿物质营养元素含量以及卷烟丝的孔隙度有关。

五、烟叶质量形成的相关栽培因素

1. 品种

不同品种之间在烟片大小、厚薄、颜色、香型、烟碱含量、耐病力、需肥特性等方面差别很大，因而导致烟叶质量差别很大。因此，选择优良推广品种是非常必要的。要坚决杜绝使用劣杂品种。

2. 栽培技术优劣决定烟叶质量好坏

在生产实践中，有的农户能充分掌握当地的自然条件特点，充分了解烟草的生长发育规律，运用先进的、规范的栽培技术措施，实行科学的烘烤，所产烟叶质量多是上乘的。相反，有的农户不顾烟草的生长特点和对自然条件不进行充分分析，不理解什么是科学种烟和科学烘烤，所产烟叶便难做到优质。因此，掌握规范栽烟、科学烘烤技术，并认真努力实施，是取得优质烟叶的前提。

3. 土壤条件

烟草喜欢通气、疏松、pH值为弱酸性、肥力适中、供水供肥良好的土壤条件。这种土壤生产的烟叶，往往质量上乘。相反，若土质黏重或偏沙、保水保肥能力过强或过弱，通透性差，过酸过碱，往往使烟株发育过旺或生长量不足，烟叶质量肯定不会好。因此，选择适宜的土壤栽烟是另一个基础条件。

4. 气候因素

在不同的温度、水分、日照、海拔条件下，烟株的生长发育、光合作用、呼吸作用、蒸腾作用、物质代谢作用差异很大，从而导致烟叶品质上的差异。条件适宜，则形成的烟叶质量上乘；条件恶劣，则品质较差。所以，选择烟草适宜区和最适宜区发展烟叶生产，为烟草生长提供优越的生态环境，是获得优质烟叶的重要基础。

第三章　烟草的育苗技术

第一节　育苗及壮苗的标准

育苗移栽是世界各国广泛采用的烟草栽培法。烟草的种子很小，出土力很弱，直播难以保证苗齐、苗壮，将影响田间植株的协调发育，最终影响烟叶的产量和质量。烟草植株高大，单位面积栽植株数少，便于育苗移栽。

烟草育苗移栽，在东北地区尤其显得重要。烟草是喜温作物，生育期长，从播种育苗到采收完毕，一般需170～180天，整个生育期要求较高的温度，≥10℃的积温3 500℃，≥20℃的温度持续时间在70天以上。而吉林省的无霜期一般只有135～148天，≥10℃的积温为2 183.5℃～3 154.5℃，较生育期所需的积温少300～400℃。显然，烟草生长的热量条件是不够的，再加上春天干旱多风、少雨，这就决定了烟草育苗移栽在吉林省的特殊意义和育苗技术上的一些特殊措施和特殊要求。

俗话说："壮苗半成收"，烟苗健壮与否直接影响缓苗速度、成活率、烟株的生长发育，乃至最终的产量和质量。随着生产条件的逐步改善，生产技术水平的不断提高，烟苗的素质也在不断地提高。壮苗的标准，在不同地区、不同的自然条件和生产条件下，其标准也各有不同。在吉林省的环境条件下，壮苗标准如下。

一、大小适宜

裸地栽培烟苗要求7～8片真叶，茎高7～10 cm，苗高15～17 cm，在适宜的条件下，一般苗龄以50～60天为好。干旱少雨地区烟苗可稍高些，以便深栽，提高抗旱能力，湿润地区苗可稍矮些。地膜栽培烟茎高3～4 cm，苗高6～7 cm，苗龄40～50天。

二、均匀一致

烟苗整齐一致，没有过大或过小苗，便于移栽后管理，有利于成熟一致和采收调制。

三、生长适度

叶片肥厚，叶色不浓不绿，叶面茸毛多，叶片上举不下垂，裸地栽培地下与地上鲜重比为1∶15，地膜栽培1∶5，根系发达，茎部纤维多，韧性强，用手弯曲而不断。具备不徒长、不早花的素质。

四、抗逆性强

移栽后缓苗快，成活率高，无病虫害，烟苗完整无破损。烟草的育苗要求可以用以下几点加以概括。

1. 适

育苗要抓住季节，适时播种，不违农时，保证在移栽适期之前成苗。

2. 齐

要同一天播种，同一天假植，保证烟苗大小一致，没有过大、过小的烟苗。

3. 足

育成足够数量与合乎标准的烟苗，包括补苗所用的烟苗（约占20%）。

4. 壮

壮苗必须具备形态结构合理，各部器官平衡发育，根系发达等特点。因此，必须加强苗期管理和炼苗。

第二节　苗棚和苗床的制作

一、床址的选择

苗床地要选在背风向阳，地势平坦，土层深厚、结构疏松，排水良好，靠近水源和大田，酸碱度为中性或微酸性的土壤。一般来说，沙土地增温迅速，播种后出苗快，比黏土地早成苗7天左右。盐碱地给排水不良、土质黏重、容易积水的地块都不宜作苗床。烟草的重茬地、茄科茬地也不宜作苗床，否则必须进行严

格消毒，以免病害发生。每公顷大田育苗母床面积6 m²、子床面积55～60 m²。

二、苗棚设计

现今生产上应用的苗棚基本上可以分为四种：大单棚、大双棚、小单棚和小双棚。一般采用南北走向，既有利于接受光照，又有利于防风。

1. 大单棚

大单棚棚宽一般为5 m，长可以根据育苗面积而定，高1.7～2.0 m。采取的材料各有不同，有用钢管结构（即水稻大棚骨架），有用竹条作支架，也有完全采用木制的。无论哪一种大棚，设计时都要注意便于通风、方便作业。

2. 大双棚

小单棚在大棚内，再加设一道高60 cm的小棚，这样可以增强保温效果，比大单棚温度提高0.9℃。在假植以前，特别是寒流来临时效果非常明显。假植以后，内棚膜要撤掉，以免徒长。

3. 小单棚

小双棚棚高一般为60～70 cm、宽2 m，长根据育苗数量而定。此种苗棚保温效果较差，热容量小，昼夜温差大，尤其是假植以前，外界气温低，晚上必须盖好保温被。此种棚很容易受到低温危害甚至冻害。在吉林省一般不宜采用。

4. 小双棚

小双棚即在小单棚内设一道高50～60 cm的内棚，这样可以有效地增强保温效果，比小单棚平均提高温度2.76℃，但晚间外棚必须加盖保温被，假植以后视天气情况决定是否撤掉内棚。凡在没有条件设大棚的地区均可考虑采用这种棚。

综上所述，在吉林省的气候条件下，最好采用大棚育苗，假植前最好用大双棚。如果条件不具备，小双棚也可，但晚上要盖好保温被。保温被可以用稻草编的草帘子代替，麻袋片及其他物品也可，总之要达到防寒保温的目的应当杜绝小单棚。

三、苗床制作

烟苗的苗床可以根据床面和地面的相对位置分为地下床、地面床、离地床，这几种床各有特点，应根据实际情况选用。根据床的用途又可分为母床和子床。用于直接播种的床称为母床，用于假植烟苗的苗床称为子床。

1. 地下床

这种床都采用东西走向，做床时要下挖35~50 cm，即北沿比南沿高15 cm。床底平整以后，铺一层10 cm厚的鲜马粪，踩实，作为发热（或隔凉）层；隔凉层也可用稻草、麦秸等铡碎后代替，上面再铺一层3 cm厚的返回土，找平后铺一层0.5 cm厚的细沙，最后上面可铺4~5 cm厚的营养土。这种床注意要采用东西走向，床面做好后，床的南壁高应为15 cm，床的北壁高应为25 cm左右。这种床光照不均匀，不利提高床内温度，但在保温设备不良的条件下，尤其是小棚，此种床有抗低温的作用，可以考虑应用。

2. 地面床

此种床设在地表。做床时先在地面上做好床的框架（也可下挖10 cm），其他程序同地下床。这种床的特点是，床面光照均匀而充足、地温高、排水良好、便于管理。但是如果小棚育苗，由于棚内热容量小，用这种床育苗很容易受到降温的影响，所以必须具有良好的保温措施。近些年由于大棚的推广和保温措施的改善，这种苗床被广泛采用。

3. 离地床

即床面离开地面15~20 cm，可用木桩或砖架起，隔凉层一般采用稻草、麦秸等，不采用鲜马粪，其他程序同地下床。这种床白天床面温度提高很快，平均提高床面温度1~2℃，由于育苗初期气温低，所以对烟苗的前期发育非常有利。但是这种床晚间降温也快，而且保水性差。所以，它适合于大棚和小棚的假植以前的母床，假值后的子床不宜应用。

第三节　床土的配制

一、床土配方

如何配制营养丰富、结构良好的床土对培育壮苗是很重要的。配制营养土的原则应是，行之有效，简便易行，容易掌握，就地取材。既要达到烟苗所需的营养丰富、通透性好的要求，又要充分利用当地的原材料。现将几种配方介绍如下。

1. 以草炭和田土为原料

此配方是以草炭和非茄科作物茬的耕层土壤配制而成，二者的比例为1∶1，

氮、磷、钾的施用量分别为每立方厘米800 g、1 600 g、800 g。

2. 以马粪和田土为原料

此配方是以过夏马粪（充分腐熟）和非茄科茬的耕层土壤配制而成，二者的比例为2∶3，氮、磷、钾施用量为每立方厘米400 g、800 g、800 g，采用此配方时一定要用充分腐熟的马粪，否则幼苗会受到危害。

3. 以田土和细沙（或细煤灰渣）为原料

用纸筒育苗时，田土和细沙的比例为3∶2，营养方育苗时为2∶3，氮、磷、钾施用量为每立方厘米800 g、1 200 g、800 g。此种配方的烟苗须根数不及以上两种多，但根系粗壮，仍能达到壮苗标准。

一般每公顷地需苗量为24 000株，需土量约为4 m³。

床土在配制以前要用大锅熏蒸。方法是将大锅砌好后，上镶围裙，锅内加水，铺上帘子、麻袋片，水烧开后将床土往冒热气的地方分层撒，撒满后用旧塑料布捂严，插上温度计，温度达到93℃，持续半小时，杀死床土中的病毒、病菌、虫卵、杂草种子，这是防止病虫草害的有效方法。

二、床土的调酸

烟草是喜酸作物，在pH值为6.5时最有利于生长，在碱性条件下某些病原菌会大量繁殖，烟草的抵抗力下降，因此很容易感染立枯病、猝倒病等病害。所以，当土壤pH植高于7时，就应当调酸，使pH值调到6.0～6.5。

常用的调酸剂有硝基腐殖酸、硫酸、硫黄等，其pH值都在3.0以下。其中硫酸是最经济有效的调酸剂，但缺点是液体，不易运输，腐蚀性大，其他两种成本太高，因此，生产上一般仍以硫酸作为调酸剂，只要注意操作规程，其缺点是完全可以克服的。

第四节　播种

一、发芽率测定

在正式催芽播种以前，一定要进行发芽试验，测定种子的发芽率，确保育苗工作顺利进行。否则，如果把不合格的种子播下去，就会影响全年生产。

测定方法：从种子群体中随机取100粒种子，放在垫有滤纸（或一层布）的小盘内（或培养皿内），盘内的水分以浸湿滤纸或布为宜，盖上盖，放于25℃左右的地方发芽。在发芽过程中，注意每天要用光照处理一定时间（室内散射光即可），因为有些种子不用光照处理不发芽。一般经过3~4天即可露白，6天左右可测定种子发芽率。

二、种子精选

在播种之前消除种子的夹杂物，淘汰不饱满的种子，对提高种子的发芽率和出苗率，保证苗齐苗壮有显著作用。烟草种子精选通常采用以下两种方法。

1. 水选法

将种子倒入盛有清水的器皿内。烟草种子粒小而轻，相对密度只有0.9 g/cm³，初放入时大多漂浮于水面，必须进行搅拌，使之浸泡均匀。放置4~6小时后，饱满种子下沉，此时可将漂浮在水面的夹杂物和不饱满种子捞出，剩下的种子晾干备用或随即消毒催芽。

2. 风选法

风选的方法有两种：一种是借助自然风力将饱满的种子同杂质及不饱满的种子分离开来；另一种采用烟种清选机进行清选，种子数量多时宜采用此法。

三、种子消毒

种子经过药剂消毒可消灭一部分附着在种皮上的病原菌，有防病保苗的作用。将精选后的种子装在干净的白布袋里，放在1%硫酸铜溶液中（或0.1%硝酸银溶液或2%福尔马林溶液）浸泡10~15分钟，取出后用清水洗净，进行催芽。

四、种子催芽

催芽播种比不催芽播种能提早5~6天出苗，效果极显著。播种前利用一定温度和水分条件进行催芽，可使种子发芽迅速而均匀。烟草种子在恒温（15~28℃之间）条件下都能发芽，25~28℃为最适温，发芽最快；在变温条件下，即28℃和20℃交替进行，发芽快而整齐。但在10℃以下或35℃以上发芽就要受到严重影响，一般应掌握为20~28℃。有的烟草种子发芽时需要光照，吸水之后的7~8小时就开始对光照有反应，一般在1~3天内完成光照反应。所以对某些品种，或成熟不太好的种子催芽时要注意给以光照条件（室内散射光或灯光均可）。

1. 布袋催芽法

将种子装入布袋里，布袋要稍大一点，使种子装得宽松一些，用35～40℃的温水泡20分钟，再放于25～28℃温水中浸泡24小时；然后用手轻轻揉搓布袋，使种皮胶质脱落，容易吸水萌发，随揉随换水，直到水较清为止，种皮呈黄红色；将种子袋放入干净的碗或小盆内，碗底放一些干秸穰，可以起到保湿通气的作用。种子要放在温暖处，控制在25～28℃，每昼夜要翻动3～5次，并要用温水冲洗，以保证种子湿润、有足够的氧气。经过3～5天，即可发出白色胚根称为"露白"或"拧嘴"，即可播种。

2. 细沙催芽法

把浸过的种子装在干净的碗或盆内，再放入洗净的细沙，搅拌均匀，上面盖上干净的湿布，然后放在温暖而有光照的地方，经常保持湿润，种子露白时即可播种。

五、播种

1. 播种量

根据发芽率和留苗量来确定。播种量过大，幼苗彼此拥挤，互相抑制，烟苗细弱，根系小，苗色淡，抗逆力差，而且间苗费工。播种量太小，则出苗不足，定苗距离不易均匀一致，并且浪费苗床面积。一般种子发芽率在90%以上时，每10 m²苗床需种子4～5 g。

2. 播种

根据吉林省的气候特点，在3月10～20天播种即可，覆膜栽培可早些，如遇低温年份可适当晚些，但不得晚于3月25天。

（1）播种在播种以前，要浇一次透水，以保证出苗前苗床内有足够的水分供应和防止苗期病害的发生。烟草种子小，为了保证播种均匀一致，所以烟草的播种方法有别于其他作物。基本有两种播种方法。

第一，干播法。当种子露白以后，将种子和一定量的细沙或细土拌在一起，然后均匀地撒在床面上。此法简便，但初种者不易撒匀，特别是拌土时注意不要碰坏幼芽。

第二，水播法。将露白的种子放在大眼喷壶内，装上一定量的水，搅拌均匀，然后向床面喷洒。此法容易掌握，有利于保护幼芽，但床面要平，而且需要特殊的大眼喷壶。

（2）覆盖　种子播完以后，覆盖2～3 mm的细沙或细土。注意不要过深，否则会影响出苗；也不要过浅，以免由于出苗后浇水把根冲出，影响根系生长。覆土后，上面还要覆上一层去掉叶子的稻草秸，间隔0.5～0.6 cm。不要过密，以免影响床面接受光照，覆草的主要目的是为了避免幼苗期由于浇水而把根冲出。然后扣上薄膜，封闭，以增强保湿保温效果。出苗以后要根据温度情况及时将薄膜撤掉，以免高温伤苗。覆草要分期撤掉，从子叶展开后开始撤，最后一次应在"小十字"期撤掉。

第五节　苗床管理

一、温、湿度控制

由于早春温度低，夜间棚上要覆盖草帘子，以利防寒保温，早晨日出后撤去草帘子，以利吸收阳光。白天保持温度在25～28℃，超过30℃就要通风降温，否则烟苗徒长细嫩软弱，容易感染病害，不利壮苗。在"十字期"以前温度不得低于10℃，"十字期"以后温度不得低于15～18℃，否则应采取保温甚至加温措施，以免幼苗受害。

二、水分管理

苗期的水分管理是苗床管理的主要内容之一，与培育壮苗关系极为密切，运用水来促进或控制烟苗生长是培育壮苗的重要措施。具体可以分为三个阶段。

1. 由播种至小十字期

这一时期是种子萌发出土、幼苗开始生长阶段，根系幼小而且浮于表层，抗旱能力极低，同时又很容易感染病菌，发生烂根、死苗的现象。所以，既要保持床面湿润，满足幼苗生长需要，又不要使水分过大，导致病害发生。一般是播种前浇足底水，床面封闭，待幼苗出土后再打开床面。种子出土前一般不要浇水，以免床面板结，影响出苗，或把种子冲出，干枯而死。出苗以后，就可以用细喷壶正常浇水，一般一天浇1～2次，浇水时，床面不得有积水，更不允许水在床面流动，以免把幼根冲出，如果表土湿润也可不浇水。总的原则是，小水勤浇。

2. 小十字期至大十字期

主要是幼苗伸根阶段，浇水应适当控制。每次浇水间隔应稍长些，苗床保持

干干湿湿，有利于幼根生长，同时也能为下一阶段地上部的旺盛生长打下良好基础。一般1～2天浇水1次，每次必须浇透。

3. 大十字期至竖叶期

此期烟苗根系基本形成，地上部分生长旺盛，同时气温升高，蒸发量加大，应增加浇水数量。但也要采取干湿交替的浇水方法，避免水肥过大，造成烟苗徒长，每隔1～2天浇水1次。在移栽前1周左右要停止浇水，以利炼苗。

要注意，不可直接用井水或自来水浇苗，也不可用脏水浇苗，以免对烟苗造成危害或感染疾病。浇苗时间应掌握在上午10时以前，下午3时以后，切不可在午间浇苗。

三、追肥

由于烟苗床营养土中已有足够的养分，而且假植以前烟苗幼小，需要养分少，所以一般在假植前不必追肥。但确属缺肥、生长不良者也可追肥，每10m²追施氮、磷、钾复合肥150 g。假植后到成苗，由于烟苗生长量大，须要追肥补充养分，每隔7～8天追肥一次，共追3次。追施氮、磷、钾复合肥，第一次15 g/m²；第二次20 g/m²；第三次20 g/m²。化肥用水溶解后稀释，用喷壶喷施，每次追肥后都要用清水喷1次，以免肥液附着在烟苗上，烧伤烟苗。

第六节　假植与炼苗

一、假植

假植是指在育苗过程中，为了改善幼苗生长条件，促进幼苗生长发育而进行的由母床向子床的移植过程。一般认为，假植应在4片真叶出现时（大十字期）进行，近些年也有人提倡在小十字期（2片真叶出现时）进行。试验表明，在小十字期末，即3片真叶出现时假植最为有利。烟苗过小不利于保证假植质量，影响幼苗的成活和生长；烟苗过大，会因为假植前幼苗拥挤而影响生长和假植的根系损伤过大而导致假植后缓苗期过长，最终影响烟苗素质。因此，烟苗的三叶期是假植的最理想时期。

假植床的制作不同于母床，由于气温和地温都已升高，床底是否填充发热材料，视具体情况而定。如果地势高燥、地温高，可以不设发热材料，关键是床底要平。床底设好后，可以在床面摆上装有营养土的纸筒或在床面上做营养方。

纸筒高6～7 cm，直径4.0～4.5 cm，假植前要浇透水。

营养方的制作方法是，将制好的床土用水拌至能做方为标准，再将其摊到床面上，厚6 cm，充分平整后切成5 cm×5 cm的方块，随后在块上扎直径1 cm、深1.5～2.0 cm孔，将烟苗置于孔内，用细干土封严，再在营养方上撒一层细沙，然后用喷壶轻轻喷1遍水即可。

假植后要扣上薄膜，1～2天后即可成活。

二、炼苗

炼苗是育苗后期、移栽以前，为提高烟苗对外界条件的适应能力和抗逆性所采取的一项重要措施。炼苗一般分为断水炼苗、揭膜炼苗和掐叶炼苗三种方法。

1. 断水炼苗

通过断水调节烟苗各器官的平衡发展，控制地上部生长，促进根系发育，从而提高烟苗的抗寒、抗旱能力。断水炼苗，从幼苗的十字期开始间歇进行，在移栽前7天左右完全断水，充分炼苗。

2. 揭膜炼苗

为使烟苗适应外界的温度条件，并利用日光中的紫外光抑制地上部生长，提高抗逆能力，进行揭膜炼苗。采用揭膜炼苗一般在移栽前15天左右，开始白天揭膜晚上盖，移栽前1周可昼夜不盖，但也要根据气温的变化情况，结合烟苗生长情况灵活掌握，如遇寒流仍须盖膜，以免受害。此法一般与断水炼苗结合进行。

3. 掐叶炼苗

掐叶炼苗即在烟苗拔梗后将下部第一片、第二片真叶摘除，上部相互交错的烟叶掐去1/3～1/2。这种炼苗方法能改善苗床的通风透光条件，调整地下部与地上部的相互关系，有利于调节植株体内的有机物质的积累与分配，提高烟苗的发根力。

第七节　育苗期间应注意的问题

一、卫生操作

卫生操作是预防花叶病的有效措施，因此在育苗过程中要做好以下工作：

第一，熏蒸营养土详见床土配制一节。

第二，棚内消毒扣棚以后，在棚内用4%甲醛溶液喷洒，育苗工具也要放在棚内同时进行消毒。喷洒后封闭2～3天，然后通风2～3天，人员才能进棚作业。

第三，卫生作业操作以前要用肥皂洗手，严禁在棚内及附近吸烟，严禁用脏水浇苗。

二、烟苗不齐

烟苗不齐是育苗过程中经常发生的现象，尤其是小棚育苗更容易发生，总起来有以下几种情况。

第一，床两边苗多而大，中间苗少而小。这种情况主要是由于播种不匀或喷水施肥不匀造成的。由于在管理苗床时，床中间的烟苗距离远、管理不方便，所以不注意就很容易造成这种现象。

第二，床两边苗小，中间苗大。这种现象在小棚中更易发生。主要是由于边缘温度低，影响幼苗生长所致。所以在做床时，不要紧靠棚壁，在通风时最好采用在棚壁的顶端通风，避免风由边缘直接经过烟苗吹入。

第三，出现块状或条状的疏密大小苗不一。这主要是由于播种不匀，或棚面不平，夜晚蒸汽凝结的水下滴不匀，低的地方下滴多，床面湿度大、温度低；水下滴少的地方，湿度小、温度高，这样就会影响烟苗均匀一致地生长。因此，要做到均匀播种、浇水、施肥，要提高制作棚的质量，使棚面尽可能高矮一致。

第四，苗床不平，床土薄厚不匀，松紧不一。这也是造成烟苗不齐的原因。因此，填装发热材料时要踩实找平，填装床土时要轻放、细耙、耪平，在填装纸筒时要松紧一致。

第五，催芽欠妥，出芽不齐也是造成烟苗不齐的原因之一。

第六，假植以后烟苗不齐。

除以上原因外，还可能是由于假植质量差，有的烟苗移栽过浅或过深或窝根，影响幼苗生长，或者是假植的烟苗大小不一。

三、烟苗发黄

第一，烟苗在十字期发黄。可能是由于水分过大，根系生长受阻，养分吸收量少，不能满足地上部生长需要。因此，首要的问题应降低床面的含水量。

第二，中后期烟苗发黄。由于地上部生长速度加快，需肥量增大，此时如果施肥不足，就会产生脱肥现象。因此，要在烟苗生长的中后期及时追肥，满足其正常生长所需要的养分。

第三，病害所致在前期、中后期都可能发生病害。首先表现在根部，根系发黑或霉烂。要及时用75%百菌清1 000倍液喷施，防止病害进一步发生。

第四，床土pH值过高。pH值过高会抑制幼苗生长，要及时用硫酸对的酸化水喷施，及早改善土壤中的酸度条件。

第八节　漂浮育苗

漂浮育苗技术所用的培养基材料一般是无土、卫生的，其中的泥炭是从地下挖出的，草炭是浸水泽地的杂草经多年自然沤制而成的，蛭石和膨化珍珠岩是经过高温煅烧后的膨化产物，原本不带病原物。托盘和浮盘所用的培养基材料，既含有丰富的有机质使之吸水、保水性好，又有蛭石、膨化珍珠岩等疏水、透气性很好的材料。故托盘和浮盘的培养基材料是对土壤条件的模拟和优化，对促进烟苗的根系发育、烟苗的整齐一致性和无毒性提供了良好条件。

一、漂浮育苗技术规范

漂浮育苗可使烟苗生产效率提高4～5倍。由于每个苗穴的体积是一样的，烟苗的整齐度很高，育苗所用的基质是对土壤条件的模拟和优化，烟苗的根系发达，根的数量超过常规育苗的1倍以上。漂浮育苗的烟苗是用格盘培育的，可以长距离运输，方便移栽。近年来的实践证明，漂浮育苗的烟苗还能有效消除早花，较常规烟苗每棵烟增加1～2片叶。同时由于促进了根系发育，可增加叶片宽度，扩展叶面积。集约化的育苗方式便于防治病虫害，可有效减少大田期病毒病

的发生。基于这些优越性，漂浮育苗受到烟农广泛欢迎，推广前景十分广阔。

1. 壮苗特征

漂浮育苗对适栽苗的要求与常规育苗基本一致。单株叶数7~8片，叶宽较大，单株叶面积100 cm²左右，叶色浓绿，叶片抗旱性好。烟苗根系发达，根系达300条以上，根白，侧根发生力强，单株根干重在0.1 g以上。茎高6~12 cm，柔韧性好，叶片在茎秆上分布均匀，长度以深栽后地上部分在5 cm以下为宜。苗床期60~70天。

2. 建造苗床

苗床多为长方形，以集中育苗为宜。用红砖、空心砖或木板做成临时苗床，烟苗移栽后便于拆除。小棚覆盖下，苗床宽度根据各地浮盘的规格而定，以大于120 cm为宜。每盘200个苗穴的盘长为68 cm，两块盘对接放置时苗床宽度为136 cm，苗床宽度可做成138 cm。苗床长度依种烟面积而定，一般不超过10米。用100 m²以上的大棚育苗，则应尽可能扩大水面，以提高烟苗生产效率。苗床底部整平后拍实，用除草剂和杀虫剂喷洒池底。

用黑色塑料薄膜铺底，并盖上床边缘，最好能在薄膜一侧做一标尺，这样便于以后掌握灌水高度和施肥浓度。苗床做好后，于播种前一周灌水，盖上薄膜，这样有利于提高水温。

用直径8 mm的钢筋或5 mm厚的竹片做拱架，拱间距离约100 cm，拱高约100 cm，置同一高度。为加固棚架，对苗床两头的钢筋，中间各用1根木桩支撑。苗床的内边缘与拱架的水平距离约30 cm。盖上透明塑料薄膜，把橡皮筋挂在钢筋两侧的钩鼻上，压住棚膜。棚膜在苗床间两头超长部分，将之束在一起，呈"马尾"状，用短木桩固定在距离床两端1 m的地方。

3. 水源和水质

水源对避免烟苗传染病害很重要，而水质对苗池中营养液的pH值和各种元素的利用有影响。苗床用水必须清洁、无污染，可用井水、自来水或确实无污染的河水。禁止用坑塘水，以防黑胫病、根黑腐病等发生。在有条件的地方，最好能事先做几次水质分析，对所采用水的pH值状况及营养元素适宜性做到心中有数，以便调节。

4. 基质

漂浮育苗基质的选择和配比是整个育苗技术中的关键因素。烟苗从萌发到成苗的整个过程中一直生长于基质中，因此，基质的质量是漂浮育苗的关键因素。基质对于烟苗的作用主要有三条：其一，对烟株和根系提供机械支撑；其二，提供足够的空气供根系呼吸；其三，提供适宜的水分和营养供烟苗的生长发育。

这其中，协调好后两条之间的矛盾是选择和配置基质的关键。因为所采用的漂浮育苗技术不同于通常所讲的水培和土培。在水培条件下，植物根系浸在营养液中，水分和营养的供给良好。但根系的呼吸是来自溶解于营养液中的氧气，靠营养液的流动或向营养液中不断充气实现的。在土培条件下，可以通过调节灌水来控制土壤中水、气比例，使之协调，有利于烟苗生长。

一般情况下，基质以富含有机质的材料为主，如泥炭、草炭、炭化的或腐熟的植物残体，再配以适当比例的疏水材料，如蛭石和膨化珍珠岩等。有机质材料对基质的吸水保水有利，而疏水材料则影响基质的通气条件。从理论上讲，基质的上述物理特性是由基质材料中有机质含量、基质的容重、总孔隙、毛管孔隙、非毛管孔隙决定。研究亦表明基质容重在0.2 g/m^3，孔隙度为60%～70%，较适宜于漂浮育苗。在实际操作中，当基质材料确定后，主要通过调节基质材料成分的配比、基质颗粒的大小分配和基质的装填量来调节基质中空气和营养液的比例。一般有机质材料粒径在1～3 mm，疏水材料粒径在2～3 mm较为合适。关于有机质材料的选择，因各地自然条件不同，所采用的材料也不同，须经过一定的试验方可确定。同时要考虑所有材料中有机质含量不能太低。试验结果表明，以草炭、蛭石、膨化珍珠岩配比，其比例以草炭60%～70%（v/v），蛭石和膨化珍珠岩各占15%～20%（v/v）为宜。草炭比例低于60%，毛细管吸水、持水能力下降，烟苗生长不良，不利于出苗和幼苗生长。草炭比例高于70%，则种子萌发后，基质中空气太少，水分过多，根系发育不良，易造成幼苗根系缺氧死亡。

5. 装盘和播种

（1）苗盘消毒除首次使用的新盘外，在育苗前育苗盘必须消毒。消毒方法是用15%次氯酸钠溶液或1%～2%的福尔马林溶液喷洒苗盘，用塑料薄膜密封24小时，然后用水冲洗干净。也可以直接往苗盘上喷纯次氯酸钠或0.05%～0.1%的高锰酸钾溶液，然后用清水冲洗干净。

（2）基质装填首先将基质喷水，使基质稍湿润，达到握之成团、触之即散的效果。基质装填要求充分、均匀、松紧程度适中。在实际操作中，满足上述要求并非易事，常出现的问题是担心装填不充分，而导致过于紧实，这样苗盘入水后，苗穴浸透水分，形成不利于幼苗根生长的环境，根系不扎到基质内，而在基质表面形成螺旋根，导致幼苗晒死，或者根系扎入基质后，由于基质水分过饱和，根系缺氧，活力下降，最后吸收不到营养而变黄死亡。当装填过实时，苗盘入水后，吃水过深，盘面过湿，绿藻滋生严重。防止装填过实，第一要调整好基质中的水分含量，由于各地采用的基质材料不同，基质中预先含水量也不同，一般湿润基质时喷水10%～15%（参考值），基质过湿往往导致装填过实。另一方面，基质过于干燥，往往装填不实，造成中空，使基质不能与营养液接触而干穴，种子不能萌发。正确装填基质的方法是将基质轻撒在盘面上，然后用一直木板，将基质推到盘的各角，如此操作2～3次即可（注意装填过程中不要用手拍压基质）。然后轻墩苗盘，使基质材料紧实些。禁止在烟草发病田装盘。

（3）播种装盘后，在每个苗穴的中心位置压出一个约5 mm的小穴，可用手指点压，也可用特制的压穴板压出整齐一致的小穴。每穴播2粒包衣种子，播后洒水促进种子裂解，最后覆盖基质少许。

6. 施肥

根据育床中水的容积量决定施入肥料的量。在苗盘入水前，加入50 mg/L或100 mg/L的漂浮育苗专用肥（含氮、磷、钾比例为20∶10∶20）。肥料用量计算如下：

$$所需浓度/20 \times 0.1 = 水$$

例如：烟农苗池盛1 000 L水，想用20∶10∶20肥料配成150 mg/L营养液，计算如下：

$$150/20 \times 0.1 = 0.75 \text{ g/L}$$

$$0.75 \text{ g/L水} \times 1\,000 \text{ L水} = 750 \text{ g肥料}$$

肥料施入苗池前，需先将肥料完全溶解于一大桶水中，然后沿苗池走向，将溶液均匀倒入苗床的水中，稍做搅动，使营养液混均。

营养液pH值校正：营养液pH值为5.5～6.5，有利于根系的发育和多数矿质营养元素的吸收。当营养液pH值不符合要求时，须进行pH值校正。如果pH值偏高，可用适量0.1 mol/L的硫酸溶液校正，如果pH值偏低，可用适量0.1 mol/L的氢氧化钠溶液校正。每添加一次营养液，校正一次pH值。pH值测定用5.5～9.0精密pH试纸即可。

为了预防烟苗病害发生，可以在苗池中加入7 mg/kg的瑞毒霉。播种后4周，苗池中第二次加营养液，浓度为100 mg/L，移栽前2周，根据烟苗情况再施肥料，浓度为50 mg/L，方法同前。将肥料溶液加入苗池后，再注入清水至起始水位，严格禁止从苗盘上方加肥料溶液和水。

7. 苗床管理

（1）温、湿度管理

苗床管理的质量亦是漂浮育苗的关键。播种后棚内应采取严格的保温措施，使盘表面温度保持在21~24℃，以获得最大的出苗率，并保证烟苗整齐一致。晴天中午，若棚内温度高于30℃，应及时将棚膜两端打开，通风排湿。从出苗到十字期，仍然以保温为主，但在晴天中午、气温高的情况下，要掀膜降温排湿，下午注意盖膜，以防温度下降太快。从十字期到成苗，随着气温升高，要特别注意掀膜通风，避免棚内温度超过38℃出现热害（烟苗变褐色死亡）。成苗期，应将棚膜两边卷起至顶部，加大通风量，使烟苗适应外界的温度和湿度条件，提高抗逆性。注意在整个育苗过程中，大棚要经常通风排湿，使苗床表面有水平气流。

（2）间苗和定苗

当烟苗长至小十字期开始间苗、定苗，拔去苗穴中多余的烟苗，同时在空穴上补栽烟苗。注意检查，保证每穴一苗。间苗、定苗时注意保持卫生。

（3）烟苗修剪

剪叶是漂浮育苗过程中的一项必要措施。通过剪叶，可以调节烟苗生长，使烟苗均匀一致，增加茎粗，促进根系生长发育，提高烟苗壮实程度和生产效率，同时可预防早花。剪叶掌握在播后35天，即烟苗5片真叶（烟苗竖膀）后开始，在距芽3~4 cm位置修剪。剪叶视苗的大小和长势而定，一般每周1次，直到成苗。剪叶时叶片要干燥，以利剪后伤口愈合，最好在下午修剪。剪叶前应注意将修剪工具消毒处理，剪后及时清理留在苗盘上的残屑，以减少病害的发生。另外，当烟田条件不适宜移栽时，可通过剪苗延迟移栽，但剪叶次数不宜过多。研究表明，烟苗剪叶3~5次可用性最高。

（4）炼苗

漂浮育苗生产中的烟苗一直处于较为优越的人工环境中，因此当幼苗达到成苗要求，即茎高10 cm左右时，应及时进行炼苗。炼苗程度以中午明显萎蔫，早晚能恢复为宜。研究表明，炼苗能够增加烟株中的淀粉含量，提高营养抗性和

根系活力，加速次生长，使茎围增加，从而提高烟苗成活率，并使烟苗移入大田后，生长迅速。

8. 消除绿藻

苗床空气湿度过高，采用腐熟不充分的秸秆为基质材料，水面直接受光时易产生绿藻。绿藻对成苗期的烟苗影响不大。控制绿藻的具体做法如下：

（1）在制作苗池时，必须依照苗盘的数量而定苗池的大小，尽可能使苗盘摆放后几乎不暴露水面。若有露出地方，宜用其他泡沫材料将其遮盖。

（2）采用黑色塑料薄膜铺池。就目前所做的除藻实验结果看：硫酸铜溶液杀藻浓度以0.025%以下较为适宜，可在24小时内产生较为明显的杀藻效果，浓度高于0.5%，则对大十字期以前的烟苗产生伤害。

9. 消除螺旋根

螺旋根是根系中存在的螺旋状或扭曲成不规则形状的、不产生侧根的根系，应采取措施消除。避免螺旋根的主要措施，一是基质的有机质含量不过高，装盘疏松，否则通气不良，易产生螺旋根；二是出苗后没有过多的低温寡照天气；三是基质不漏失，漏失时苗穴中形成空洞，根系易集结形成螺旋根；四是避免成苗期接受过强的光照。

10. 烟苗移栽及善后工作

为了提高烟苗抗性，防止黑胫病发生，可在移栽前3天喷施1次瑞毒霉，然后即可运到大田，进行移栽。烟苗移栽后，尽快将苗盘、塑料薄膜、棚架等收回，用水冲洗干净，存放备用，以降低育苗成本。泡沫浮盘应特别注意放于无鼠害之处，以防损坏。

第四章 烟草病害及虫害的防治技术

第一节 苗期主要病害及防治措施

一、主要病害

1. 立枯病

真菌病害，病害部位为茎基部，起初在病部表面形成褐色斑点，后茎部显著凹陷收缩、变细，甚至倒伏。本病一般在3叶期以后发生。中温、中湿易于发病，温度20℃以下，往往在揭膜后，遇干旱、热风后引起发病。

2. 炭疽病

全国各烟区均有发生。炭疽病是由真菌侵染引起的，烟草在各生育期均可发病，但常以苗期最重。大田期烟株的叶、茎、蒴果均可受害，但多在叶部，一般是下部叶片先发病，然后向中上部叶片蔓延。病菌先是在病株残体、杂草、土壤肥料及种子内外长期存活，并形成初侵染源，在多雨、多雾、土壤潮湿、浇水过多、排水不良、烟苗过密、湿度过大，温度在25～30℃条件下易发病。

感病初期症状先在叶面上出现暗绿色水浸状小斑点，1～2天内可扩大为直径2～5 mm的圆斑，周围隆起，中央凹陷，病斑颜色灰白到黄褐色，通常在叶的表皮表现为油色或油渍的颜色，群众俗称"小点子"或"丽斑"。病斑发展到中期，若遇多雨天气时，叶片柔嫩，病斑多呈褐色或黄褐色，有时有轮纹或产生小黑点，若天气干燥，叶片老硬时，病斑多呈灰白色。随着病情发展，病斑密集于叶面，且常相互合并，使叶面扭缩、枯焦，状似火烤过，俗称"烘斑"。在叶脉、叶柄、茎的被害部分，病斑常呈梭形，黑褐色。在花和蒴果被害后，产生褐色圆形或不规则形状的小斑。病害可侵入种子。幼苗在两片真叶前后最易发病，往往只要3～4个病斑，就会使幼苗枯死，严重时可能造成全苗床烟苗死亡。

3. 猝倒病

真菌病害。病菌随雨水或灌溉水传播，主要在3叶期以前发生。发病初期幼苗茎基部呈水渍状腐烂，逐步变成像开水烫过的暗绿色，茎基逐渐倒折，成片苗

死亡，成"补丁状"，天气潮湿时，有菌丝。易与立枯病混淆。立枯病常发生于3叶期以后，发病速度较猝倒病慢，在苗床上可见有菌核。猝倒病发生与气候条件关系密切，低温、高湿是致病的主要因素，温度低于24℃，苗床排水不良降雨过多易于发病。

二、病害综合防治

常规苗假植前1～2天，漂浮育苗剪叶片前1～2天可交替用1：1：150～200倍波尔多液、0.1%硫酸锌液、2%菌克毒克250倍液预防病害。同时不论是常规苗还是漂浮苗均应在移栽前1～2天喷施一次2%菌克毒克250倍液预防花叶病。50%退菌特500～800倍液，50%多菌灵500倍液，75%百菌清500～800倍液，50%甲基托布津1 000倍液，7～10天一次，喷2～3次可防治炭疽病、立枯病、猝倒病，若发现有猝倒病可喷施58%甲霜灵锰锌500～600倍液。

病害综合防治的具体步骤如下：

1. 苗床地的选择

地势高，排水好的无病地作苗床，施用无菌肥料，远离烤房和菜园地。

2. 苗床期卫生选择及苗床土消毒

发现病苗拔除，在苗床外烧毁深埋。苗床地周围设置隔离保护区，采用网罩隔防虫育苗。将肥料施入已做好的苗床，翻均匀，撑好支架，用塑料薄膜覆盖后，每平方米用50 ml斯美地熏蒸或40克溴甲烷熏蒸，密封5～7天，然后揭膜散毒48～72小时，整平苗床，灌足底水，再播种。

3. 苗床管理及药剂防治

防止大水漫灌，苗床过湿。苗床出苗后至3叶期可喷施1：1：150～200倍波尔多液，每隔7～10天喷一次，一般喷3次可预防病害。

第二节　大田期主要病害及防治措施

一、黄瓜花叶病毒病（CMV）

1. 症状及发病条件

烟株发病初期，叶脉透明，几天后出现浓绿、浅绿相间的花叶。叶片常变窄、变薄、扭曲，叶基部拉长，侧翼变窄变薄，叶尖细长呈"鼠尾状"或带状的典型特征，叶片革质，表面茸毛脱落，失去光泽，叶缘一般向上翻卷。有的病株中下部叶出现沿主侧脉的褐色坏死斑或深褐色闪电状坏死纹。严重受害烟株矮缩，根系发育不良，基本上无利用价值。

该病毒主要在越冬蔬菜、农田杂草和一些树木上越冬。春季通过有翅蚜（如桃蚜）迁飞到烟草上刺吸传播。此外，CMV也可以通过汁液摩擦传染。烟草现蕾前容易感病，气候干旱，旺长期前后气温波动较大时，出现阴雨降温以及干热风时，病害往往发生重。暖冬、湿度偏小、回春快的年份有利于翅蚜繁殖，田间也往往发病重。

2. 分布

20世纪80年代以来，CMV一直是国内烟区普遍发生的主要病毒病，流行和危害重于TMV。

3. 防治方法

（1）种植抗病、耐病品种。用抗蚜威、蚜必治、艾美乐等击倒性较强的农药治蚜。

（2）采用银灰膜或地膜覆盖栽培，驱避蚜虫，在还苗至团棵期有效防治蚜虫，组织联防，统防统治；在烟蚜向烟田迁飞前，防治桃树、蔬菜、马铃薯、杂草上的蚜虫；药剂控制烟田烟蚜迁飞高峰期的蚜量（参见本章第三节烟蚜防治）。

（3）苗床期和大田移栽至团棵期施用1.5%植病灵2号600~800倍液、金叶宝400倍液、菌克毒克250倍液等病毒病防治药剂。

二、普通花叶病毒病（TMV）

1. 症状及发病条件

该病是由病毒所引起的系统侵染病害，烟株只要某个部位染病，便会引起整株带毒。烟株发病初期，叶脉及邻近叶肉组织色泽变淡，呈半透明"明脉"状，然后叶片出现浓绿或黄绿相间的"花叶"状，形成泡斑，叶片厚薄不均匀。严重病株叶片皱缩、扭曲，叶片变细，叶缘有缺刻，植株矮化，生长缓慢，叶片不开片，花果变形。与烟草黄瓜花叶病毒病的区别是该病叶边缘向下和背面翻卷，叶基部不伸长，茸毛不脱落。

该病毒主要通过病毒汁液接触传染。带毒的种子、粪肥、土壤中的病株残体是主要的侵染来源，其次是其他带毒作物和杂草。苗床和烟田的人工管理操作可

造成病害的进一步传播蔓延。28～30℃的气温，少雨干旱、在老苗床、菜园地育苗，烟田连作或茄科作物连作、间作，是病害严重发生的条件。

2. 分布

烟草普通花叶病毒病是在我国各烟区普遍发生，局部地区严重流行的病害。尤其在干旱年份，是危害最大的病害之一。对烟叶的产量和品质造成很大的损失。据统计，全国14个省2002年病毒病发生面积为379万亩，经济损失5.5亿元。其中四川省发生面积为6.48万亩，经济损失1 735万元。

3. 防治方法

（1）种植较抗耐病品种。培育无病壮苗，从无病株上采种。苗床远离菜地、烤房的地块，苗床土和肥料中避免混入病株残屑，不要用带病源的污水和浸泡过菜叶的粪水浇烟苗。实行2～3年轮作，避免与茄科和瓜类等寄主轮作和间作。

（2）注意田间卫生。田间管理时用肥皂水消毒手和工具，操作时先无病田，后有病田的健株，再病株。田间早期发现病株应及时拔除补栽。及时在病田追施速效肥，培土浇水，促进烟株生长。

（3）在假植前、剪叶前、移栽前、还苗后、旺长前各喷洒一次病毒抑制剂（菌克毒克、病毒必克、毒消、抑毒星等）。

三、蚀纹病毒病（TEV）

1. 症状及发病条件

受害烟株症状一般在旺长以后出现。病株一般不矮化，叶部坏死症状多从下二棚叶开始自下而上蔓延。发病初期，叶面形成褪绿黄点，然后沿细脉扩展，连接呈褐色或白色线状蚀刻斑，支脉间连成不规则圈纹及断续点线，严重时病斑布满整个叶面。后期病组织连片枯死脱落，仅留主、侧脉骨架。受害茎呈现干枯条斑，髓部组织坏死，有时根部也出现坏死。

该病毒主要在蔬菜和野生杂草上越冬。主要通过烟蚜等多种蚜虫传播，也可以通过汁液接触传毒。在适于蚜虫发生的条件下，病害发生重，在天气干旱情况下，病害往往发生严重。

2. 分布

烟草蚀纹病是南方烟草主要病害之一，可造成生产上很大的损失，甚至绝收。

3. 防治方法

参见黄瓜花叶病。

四、马铃薯病毒病（PVY）

1. 症状及发病条件

烟株发病初期新叶上出现明脉，不久形成花叶型的斑驳，随后小叶脉间颜色变淡，沿叶脉两侧呈褐色至黑色坏死，常延伸到中脉和茎。有时坏死局限于叶脉，造成叶片皱缩卷曲。并在叶片中脉或侧脉处常发生大小数目不一的褐色或白色坏死斑点。

该病毒主要在马铃薯块茎及栽植的茄科作物上越冬。自然条件下，主要靠烟蚜为主的多种蚜虫传染，也可通过汁液摩擦传染。烟田蚜虫数量多，烟株幼嫩，移栽后气温较高，天气干旱和遮阴条件下，病害发生严重。尤其在烟草和马铃薯等蔬菜种植在同一地区或地块发生严重。

2. 分布

PVY是近年来呈上升趋势的病毒病害，在国内各烟区均有发生，又叫脉斑病。

3. 防治方法

参见烟草黄瓜花叶病。

五、赤星病

1. 症状及发生条件

赤星病是烟草生长中后期发生的叶斑病害。最初在叶片上出现黄褐色圆形小斑点，以后变成黄褐色，边缘明显，具有明显的同心轮纹，外围有淡黄色晕圈，病斑每扩大一次，就留下一圈痕迹，因而在病斑上形成以病斑中央为圆心的同心轮纹。病斑直径可达1~2.5 cm。天气潮湿时，病斑中央会出现黑褐色霉状物，天旱时有的病斑破裂。发生严重时，许多病斑相互连接合并，叶片枯焦脱落，有时在叶脉和茎秆上形成深褐色梭形小斑。

病斑一般在下部叶片开始出现后，逐渐向上发展，高温阴雨多露利于赤星病发生。病菌以菌丝在病株残体上越冬，靠风进行远距离传播，雨水反溅是近距离传播的途径，条件适合时，潜伏期很短，只要2~3天就可再侵染一次，几天内就可爆发成灾。

烟草赤星病和野火病外观症状相似，不易区分，但野火病病斑没有明显的同

心轮纹，也不出现黑色霉状物，而且病斑外围的黄色晕圈比赤星病幅宽、色淡、界限不分明。

2. 分布

赤星病在全国各烟区都有发生，对烤烟的产量和质量影响很大。据统计，全国2002年赤星病发生面积345.64万亩（1亩≈666.7平方米），经济损失1.77亿元。

3. 防治方法

（1）收烟后要彻底销毁烟秆、田间枯枝落叶，坚持烟田轮作，种植抗病或耐病品种。

（2）适时早栽，培育壮苗，注意苗床卫生。适时打顶，及时清理底脚叶，适时采收下部叶。

（3）适当稀植，控制氮肥用量，增施磷、钾肥。增施有机肥和油枯。在烟株团棵期、旺长期和平顶期，叶面喷施磷酸二氢钾可明显减轻赤星病为害。

（4）药剂防治。多抗菌素300倍液、10%宝丽安1 000倍液和30%大克力悬浮剂800倍液，每7～10天喷1次，一般喷2～3次，在发病初期，喷施，防治效果可达70%以上。第一次喷药重点是中下部叶。

六、黑胫病

1. 症状及发生条件

烟草黑胫病在苗床和大田均可发生，主要危害大田烟草。苗期首先在茎基部或底叶发生黑斑，以后向上发展，湿度高时病斑上布满白毛，往往造成幼苗成片死亡。成株期主要侵染茎基部和根部，受侵部位变黑，形如膏药状。纵剖病株茎部，髓部变成黑褐色，干缩呈碟片状或笋节状，碟片之间生有白色菌丝。病株叶片自下而上依次变黄，萎蔫，最后整株死亡。多雨潮湿时，底部叶片常发生圆形大块病斑，病斑无明显边缘，有水渍状浓淡相间的轮纹，病斑可很快扩展到茎部，引起"烂腰"。天气潮湿时，黑胫病病部表面会产生一层稀疏的白毛。

高温高湿易于黑胫病的发生。病菌可在土壤中的病株残体上存活3年左右，主要通过地面流水及雨水飞溅传播。

2. 分布

黑胫病是我国烟区为害较重的病害之一。近几年有上升趋势，生产上需高度重视。

3. 防治方法

（1）种植抗病品种。K326、云烟85、K394、NC89、G28等品种较抗黑胫病。

（2）坚持烟田实行稻、烟水、旱轮作，旱地烟实行烟、玉米或者烟、豆类轮作，因黑胫病初侵染主要来源为带病土壤，轮作是很有效的防病措施。

（3）适时早栽。高起垄、高培土，防止田间积水、串流、串灌，及时清除病叶及病株。

（4）药剂防治。连作和有病田必须在移栽时用药，在发病初期用25%甲霜灵500倍液灌根1～2次，防治效果较好。因近年来烟草黑胫病已对甲霜灵产生了一定的抗药性，可用72%甲霜灵锰锌可湿性粉剂500倍液或25%普力克可湿性粉剂500倍液进行防治。

在大力推广漂浮育苗中，黑胫病的预防尤应加强。四川省西昌市采用800倍甲霜灵锰锌液在烟苗移栽时蘸根，移栽后再喷一次，收到了很好的防治效果。

七、白粉病

1. 症状及发病条件

白粉病是南真菌侵染引起的，虽在苗期和大田期均可发生，但在成熟期发病较重。通常先从脚叶发病，由下而上逐渐蔓延。

白粉病菌除为害烟草外，还为害葫芦科和菊科作物115种以上。白粉病菌可在这些寄主和自生烟上越冬，也可随病株残体在土壤或肥料中越冬，来年随风雨、气流等进行反复侵染。该病在温暖、潮湿、荫蔽和种植密度过大、施氮肥过多的田块发病严重。

该病症状主要表现在叶片表面，发病初期叶片出现失绿斑，继而产生毡状斑块，并产生白色粉状物和绒状霉斑；重病时白粉布满全叶的正面和反面，并逐渐发黄变褐干枯。受白粉病为害的烟叶产量低，难烘烤，烤后褐枯斑面大，易破碎，质量较差。

2. 分布

白粉病在西南烟区发生较普遍。

3. 防治方法

（1）适时早栽，合理密植，减少氮肥施用量，增施钾肥，早打脚叶，及时采收，改善烟株通风透气透光条件，及时排除田间积水。

（2）药剂防治：喷50%的退菌特500倍液；喷4%的农抗120水剂100毫升/千克；喷70%的甲基托布津800倍液；喷70%的粉锈宁500倍液；喷三唑酮液剂量。以上药剂每隔7～10天喷施1次，连续2～3次即可。

八、根结线虫病

1. 症状及发病条件

该病是由于根结线虫侵入烟根寄生引起的病害。凉山烟草根结线虫主要为南方根结线虫。根部形成大小不等的圆形或不规则形的根结，须根极小，整个根系呈鸡爪状，俗称"癞疙瘩"。发病后期，部分根坏死，腐烂中空，须根上初生根瘤为白色，渐次增大，最大像花生米，剥开根瘤，可见大量处于各个阶段的幼虫。植株矮小，叶片小而黄萎，犹如干旱缺水。

连作田、干旱以及保水、保肥力差的沙土和沙壤土发病重。

2. 分布

全国各烟区均有分布，个别地区发病严重。

3. 防治方法

线虫以卵和幼虫在土壤中的烟草残根或其他寄主残根上越冬，来年春天侵入烟根为害。大田的初侵染源，主要是病苗、病土和患病杂草，随农事操作和灌水而传播。推广以抗病品种为主，农业防治和药剂防治为辅的综合防治。

（1）根结线虫的种和小种种类较多，生产中改用有兼抗所有种和小种的品种，可以有针对性地选用G28、G80、K346和K326等抗病品种，用阿维菌素浇灌烟根部。

（2）与禾本科作物实行3年以上轮作，以水旱轮作最好。烟叶采收后，及时清除烟秆、烟根，翻晒烟地。

（3）施足基肥，培育壮苗，苗床土壤可用斯美地熏蒸。

九、根黑腐病

1. 症状及发病条件

主要发生在烟草幼苗至现蕾期的根系，病根呈特异的黑色。幼苗阶段病菌主要从土表部位侵入，病斑环绕茎部，造成烟苗倒伏，病斑沿茎部向幼叶扩展，引起腐烂，摧毁整株烟苗。较大烟苗受侵染后，支根的根尖变黑、腐烂，在根上有许多褐色病斑，植株矮化，根系断裂。受侵染的苗床烟苗生长不整齐，植株矮小，地上部呈浅绿至黄色，拔出后可看到特异的黑色腐烂根段，在根的病部以上可见新形成的白色不定根。

烟株在大田受到根黑腐病的侵染后，生长缓慢，许多植株矮化，极易拔出，小根尖端腐烂，大根表面呈粗糙的黑色凹陷病斑，根系常常支离残缺。如遇冷湿天气，病株停止生长，而当天气转暖时，许多病株可以长出新根，恢复正常生长。根黑腐病菌在田间常常只侵染部分烟株，很少损害整片烟田。病株生长不整齐，有的矮化，有的生长高度正常。白天炎热时叶片萎蔫，夜间恢复正常，变黄矮化的植株极易早花，严重降低烟叶的产量和质量。

根黑腐病菌可在土壤中长期存活，通过流水和病土传播，土壤湿度高、土温低时发病严重。

2. 分布

全国零星发生，根据近几年的调查，根黑腐病有加重趋势。

3. 防治方法

（1）实行轮作，种植抗病品种。NC82、NC89等品种较抗根黑腐病。

（2）苗床土壤消毒，斯美地熏蒸苗床。

（3）药剂防治。用50%甲基托布津500～800倍液灌根或苗床喷雾，效果较好。

（4）合理施肥。不要过多施用未腐熟的有机肥，土壤碱性高时不要施用石灰。栽烟后避免过多浇水使土温降低。

十、青枯病

1. 症状及发病条件

感病烟株的根、茎、叶各部均可受害，最明显的症状为枯萎，但受害叶片初期仍为青绿色，故称青枯病。茎和叶脉内的导管变黑，随后病菌侵入皮层及髓部，外表发现纵长的黑色条斑，无脓病一侧正常，呈"半边疯"状态，挤压切口出现黄白色乳状"菌脓"。

青枯病与低头黑病、黑胫病的区别：低头黑病也呈偏枯状态，但其顶芽向有病斑的一侧弯曲，而青枯病不出现"低头"，也没有菌脓。黑胫病在基部出现黑色病斑，髓部呈"碟片"状，不出现菌脓。

高温、高湿是青枯病发生流行的主要气候条件。地势低洼、土壤黏重、排水

不良的地块发病较重。

2. 分布

烟草青枯病是为害最重的细菌病害之一。

3. 防治方法

（1）轮作。与禾本科作物实行3～5年轮作。加强田间管理。高起垄，疏通沟渠，注意排水，避免土壤湿度过大。适当增施0.1％硼肥，提高烟株抗病能力。

（2）药剂防治。发病初期用200单位/mL农用链霉素（每株50mL）灌根或用青枯灵600倍液灌根或喷淋茎基部。

十一、野火病与角斑病

1. 症状及发病条件

野火病主要发生于烟株旺长后期，苗期有时也有发生。叶部症状初为黑褐色水渍状小圆斑，周围有一圈很宽的黄晕。几天以后，变成一个近圆形的褐色病斑，直径为1～2 cm，病斑扩大后合并为不规则的大斑，上有杂乱的轮纹。天气潮湿时病部可形成薄层菌脓，干燥后病斑破裂脱落，叶片毁坏。

角斑病在烟株生长后期发病较重。病叶上形成多角形黑褐色小斑，边缘明显，四周无明显黄晕；成株叶片发病严重时，病斑呈多角形或不规则，黑褐色或边缘黑褐色，中央呈灰褐色或污白色，常出现多重云形轮纹，沿叶脉发展时呈条臂状。

病菌在空气和土壤湿度大时，尤其是暴风雨中，病斑上的细菌在雨水冲溅下，可由叶片上的气孔和伤口侵入，并向四周迅速传播，蔓延极快，造成爆发流行；施氮肥过多，钾肥不足，烟株生长后期过旺，易感病。

2. 分布

在田间这两种细菌性病害经常混合发生，在全国各烟区发生较为普遍。

3. 防治方法

（1）适时早栽，适时打顶，提早收获，防止田间积水，串流、串灌。轮作3～5年，销毁烟田病残体，减少侵染源，可有效降低危害。

（2）施用腐熟农家肥，氮、磷和钾适当配比，适当增加磷肥和钾肥的量。

（3）药剂防治。初发生时喷1∶1∶160波尔多液或200单位/mL农用链霉素，7～10天一次，连喷2～3次。

第三节 常见虫害及配套防治技术

在烟草生长发育过程中，同其他作物一样，要受到多种害虫的危害，严重影响烟叶的产量和质量。据调查，目前我国烟田发生的害虫有600余种。苗床期及大田期均有不同种类的害虫发生。主要种类有地下害虫类（地老虎、金针虫、蝼蛄等），烟蚜、烟青虫、斑须蝽，斜纹夜蛾、烟草潜叶蛾、烟草蛀茎蛾、蛞蝓等。烟田发生的各种害虫都有其天敌，据调查，目前害虫天敌种类有300余种，主要种类有棉铃虫齿唇姬蜂、蚜茧蜂等。为了减轻其为害造成的损失，必须对生产中出现的害虫进行防治。要使防治达到理想的效果，必须了解发生害虫的种类及各种害虫的生活习性。各地应依据当地的发生种类和危害程度，因地制宜，选择适当的防治方法。

下面介绍几种主要害虫的发生、危害、生活习性、发生规律及防治方法。

一、烟草蛀茎蛾

1. 概述

烟草蛀茎蛾又名烟草麦蛾，俗名烟茎食心虫、大肚烟虫、大脖子虫、烟钻心虫等。初孵幼虫蛀食叶肉，留下表皮，有潜痕，烟叶被蛀食以后出现畸形、肥厚、皱缩成扭曲状，烟茎被蛀食处肿大成瘿，即所谓的"大脖子"。烟株受害后生长停滞，顶叶簇生，叶片厚小，影响烟叶的产量和质量。

烟草蛀茎蛾的发生代数因地而异。一般以幼虫及蛹在烟草的残株内越冬，越冬蛹在来年的4月前后羽化为成虫。成虫羽化后，昼伏夜出，当日交配翌日产卵，卵多产在烟叶背面。初孵幼虫蛀食烟叶或嫩茎。幼虫为害后的主脉及茎顶端肿成椭圆形。幼虫老熟以后在为害处向外咬一圆形羽化孔结白色薄茧化蛹。

2. 防治方法

（1）苗床期结合苗床管理，拔除有虫苗，集中处理灭虫。

（2）移栽时应采用无虫健苗，移栽后及时检查去掉受害叶或捏死叶内幼虫。烟草生长后期，结合打顶抹杈，除去有虫杈芽等。

（3）药剂防治。在成虫产卵盛期，尚未出现肿胀之前，喷施80%敌敌畏乳

油1 000倍液。

（4）烟叶收完后，及时拔除烟秆，并将其浸泡在水田或水塘里，或集中烧毁，以减少越冬虫源。

二、烟草潜叶蛾

1. 概述

烟草潜叶蛾又名马铃薯块茎蛾，俗名串皮虫、绣花虫等。烟草潜叶蛾属世界性分布害虫，在国际、国内均属检疫对象。

烟草潜叶蛾在我国最早报道见于1937年，在广西柳州危害烟草。早期在贵州、云南、四川三省发生较重，此后不断扩展蔓延。

烟草潜叶蛾以幼虫潜食烟叶，幼虫孵化后即钻入烟叶的上下表皮之间，蛀食叶肉，仅留上下表皮，形成白色呈丝状弯曲的隧道。随着烟草的生长，隧道逐渐扩大，最后连成一片，形成透亮的大斑，称为"亮泡"。被害叶烘烤后极易破碎，致使烟叶的产质下降。

烟草潜叶蛾一年的发生代数因地区、海拔高度不同而有明显的差异。凉山一年发生6～9代。烟草潜叶蛾在田间及薯块的储藏期都能繁殖。此虫并无严格的滞育现象，只要温、湿度适宜，又有适宜的食料，冬季仍能正常生长发育。在我国南方，此虫的各个虫态均能越冬，但主要以幼虫在田间的烟草残枝败叶或残留的薯块内越冬。

春季越冬代成虫出现后，首先在春播马铃薯或烟苗上繁殖。春薯收获之后，一部分虫体随薯块进入仓库内繁殖为害，另一部分迁移到烟田繁殖危害。

烟草潜叶蛾成虫白天潜伏在烟草脚叶下、土块间、杂草丛中，夜晚活动，有趋光性。在烟草上，卵多散产于烟株下部和脚叶的背面或正面中脉附近，有时也产于烟茎基部。幼苗期多产于心叶的背面。烟草潜叶蛾的雌蛾有孤雌胎生能力，其后代有正常的繁殖发育能力。

幼虫孵化后四处爬行到叶缘，吐丝下坠到附近植株上开始蛀食为害，顶芽受害严重，严重时可造成全株枯死。在烟株还苗后，产在底部叶片及茎基部的卵，其孵出的幼虫多集中在基部叶片危害，自叶背近主脉处蛀入，取食叶肉。叶片被害初期，出现线形隧道，以后叶肉被成片吃光，仅留上下表皮，成"亮泡"状。当表皮破裂后，幼虫即可转叶为害，有些幼虫还可蛀食烟茎。

幼虫老熟后钻入土内化蛹，化蛹入土深度一般为1～3 cm。幼虫有极强的耐饥力。据试验，初孵幼虫耐饥力可达8天，3龄幼虫耐饥力长达46天，因此，幼虫可随调运材料、工具等远距离传播。

2. 防治方法

（1）田间防治。由于烟草潜叶蛾的主要寄主是烟草和马铃薯，在以烟草种植为主的地区，应不种或少种马铃薯，避免烟草与马铃薯轮作，收获后及时清除和处理烟株和残留薯块，减少越冬虫源；烟草移栽时，发现幼虫立即处死；结合田间管理及时清除有害虫叶。低龄幼虫期也可采用25％的乙酰甲胺磷1 000倍液喷雾。

（2）加强植物检疫工作。烟草潜叶蛾目前已在我国大部分地区发生为害，所以在各地烟叶生产工作中要严格执行检疫措施。

三、烟蚜

1. 概述

烟蚜，又名桃蚜，俗名蜜虫、腻虫，是烟田发生的最主要害虫。烟蚜在我国各烟区均有发生，发生范围广，为害严重。烟蚜具有明显的趋嫩性，避光性。有翅蚜对颜色敏感，对黄色有明显的正趋性，一般对金盏黄趋性最强，对银灰色和白色有负趋性。烟蚜在田间的危害分直接危害和间接危害两种形式，直接危害是利用其刺吸式（针状）口器吸食幼嫩烟叶汁液，同时分泌出一种甜而黏的蜜露污染烟叶，诱发烟叶煤污病，使烟叶表面变黑，造成烟叶品质下降；间接危害是传播烟草黄瓜花叶病毒等多种病毒病害，有翅蚜是传播的主要媒介。蔬菜、杂草和其他农作物是烟草黄瓜花叶病等多种病毒病的毒源植物，由这些植物上迁入烟田的有翅蚜是造成烟田发生花叶病等多种病毒病害的主要原因。

由于烟蚜在田间多以孤雌胎生的方式进行繁殖，所以一年中的发生代数较多，西南烟区和南方烟区达30～40代，据调查，烟蚜可在凉山大多数烟区终年繁殖。

2. 防治方法

（1）为了避免烟蚜发生对烟草造成的为害，可在早春结合桃树的正常管理，在卵孵化后，桃叶未卷叶之前，防治桃树七的蚜虫，以减少迁移蚜的数量，减少烟田的蚜源。苗床期，可利用银色薄膜驱避蚜虫，以减少移栽时带毒不显症状的烟苗。在苗床上始终覆盖防虫网，可有效防止蚜虫侵入烟苗。

（2）烟草大田生长期，及时打顶抹杈也可防治大田期的烟蚜为害，在田间蚜量上升阶段尽早进行药剂防治。可采用40%的乐果乳油1 000～1 500倍液、50%避蚜雾3 000～5 000倍液、90%万灵粉剂3 000～5 000倍液、10%遍净粉剂3 000倍液、艾美乐液等药剂喷雾。药剂防治时，一定要注意施药质量，喷雾时一定要喷洒均匀，对所有烟蚜寄生叶片都要进行喷施，以保证防治效果。

（3）当烟株进入团棵期时，在每株烟的茎秆中部水平扎进一根灭蚜签，可达到30余天无蚜虫为害。及时打顶抹杈，恶化烟蚜的食物条件，促使无翅蚜转变为有翅蚜迁出烟田。

（4）有条件的地区也可利用大田银膜覆盖等措施，以减轻烟蚜的危害。

四、烟青虫

1. 概述

烟青虫，学名烟夜蛾，是重要的烟草害虫之一，我国各烟区均有发生。烟青虫属多食性害虫，可为害70余种作物，主要为害烟草、辣椒、番茄、玉米、大豆、扁豆、豌豆等。烟青虫在烟草现蕾以前为害新芽与嫩叶，吃成小孔洞；留种田烟株现蕾后，为害蕾和花果，有时还能钻入嫩茎取食，造成上部幼芽、嫩叶枯死。

烟青虫不同地区发生代数也不同，四川凉山一年发生5～7代。尽管各地的发生代数不同，但在各地均以蛹在土中7～13 cm处越冬。一般在4月底至6月中旬羽化，在各地经不同世代后于9～10月份化蛹入土越冬。

烟青虫的成虫多集中在傍晚7时至深夜1时羽化，羽化出的成虫白天潜伏在烟叶背面或杂草中，夜晚活动。成虫还需要取食花蜜以补充营养。成虫羽化后的1～3天内交配产卵，卵多散产在烟株中上部叶片正、反面绒毛较多的部位，也可产于嫩芽、嫩茎、花果及萼片上；一般一片叶上产卵1粒，少数2～3粒，植株长势茂密的烟田产卵量高。

幼虫孵化后先取食卵壳，然后分散活动。初孵幼虫昼夜活动，取食叶肉仅留表皮或蛀食成小孔；3龄后，白天隐藏在烟叶下，夜间及清晨取食叶片、嫩茎、花蕾、嫩果等，此期的幼虫食量大增，造成的为害严重。幼虫还有假死性及自相残杀的习性。烟青虫幼虫一般分5个龄期，幼虫老熟后，即不食不动，身体皱缩，1～2天后入土做蛹室化蛹，入土深度3～5 cm，越冬蛹7～13 cm。非越冬蛹期10～17天。

2. 防治方法

（1）烟青虫在各地均以蛹在土中越冬，及时冬耕可以通过机械杀伤、暴露失水、恶化越冬环境、增加天敌的取食机会等，达到灭蛹的目的。

（2）在幼虫危害期，于阴天或晴天的早晨4～9时，到烟田检查新叶、嫩叶，如发现有新鲜虫孔或虫粪时，随即找出幼虫杀死。利用性诱剂诱杀成虫。性诱剂（诱芯）的设置方法：在简易的三脚架上放置盛水皿，直径35～40 cm，水中加少许洗衣粉，诱芯挂距水面2～3 cm，诱捕器略高于烟株。成虫盛发期挂置诱芯，诱芯有效期20天左右，每亩设置1～2个诱捕器。

（3）幼虫3龄以前，可选用下列药剂进行防治：25%西威因乳油500～1 000倍液，90%万灵粉剂3 000倍液，2.5%敌杀死乳油2 000倍液，50%辛硫磷乳油1 000倍液。注意保护天敌，充分发挥天敌的自然控制作用；利用生物制剂进行防治，如苏云金杆菌杀虫剂（BT剂）（每克含1亿活孢子）1 000倍液等喷雾，利用生物制剂防治时，一定要注意施药质量。

五、野蛞蝓

1. 概述

野蛞蝓，俗名旱螺、黏液虫、鼻涕虫、泫达虫。野蛞蝓属杂食性软体动物，可取食烟草、甘蓝、棉花、白菜、油菜、大豆、花生、玉米、马铃薯等多种作物。在烟草幼苗期，将叶片咬成缺刻、孔洞。孔洞边缘不整齐而留有表皮，影响烟苗的生长。发生严重时可吃去叶片和生长点，造成缺苗断垄。

野蛞蝓的发生代数因地而异，一般发生2～6代，以卵、幼体或成体在潮湿土壤下15～20 cm处越冬。

野蛞蝓一年四季均能繁殖为害，但以春秋两季繁殖最盛，危害严重。它喜阴暗、潮湿、多腐殖质的环境，怕光和热，白天隐藏在草丛及根际土壤中，傍晚7时至次晨8时或阴雨天出土取食活动。

2. 防治方法

（1）选择向阳、排水良好的田块作苗床，并做到及早犁耕暴晒，远离蔬菜、油菜等虫源地。

（2）烟苗出土以后可在苗床周围撒施生石灰造成封锁带，阻止其侵入危害。

六、地下害虫类概述

1. 概述

地下害虫是指为害期间在土中生活的害虫。烟草苗床期及大田移栽初期有多种地下害虫危害，这些害虫不仅咬食烟根、烟茎，还在地下建造隧道，造成烟苗死亡。烟田的地下害虫主要有蝼蛄类（俗名拉拉蛄、拉蛄、土狗子等）、地老虎类（俗名土蚕、地蚕、切根虫、截虫、夜盗虫等）、金针虫类（俗名小黄虫、姜虫、铁丝虫、钢丝虫、金齿耙、黄蚰蜒等）。

在这几类地下害虫中，由于各地的生态环境不同，所发生的主要种类也不同，但其危害方式基本一致，均是在土表上下危害烟草的根、茎或近地面处的叶片，影响烟株正常的生长发育，严重时造成烟株死亡。

2. 防治方法

地下害虫的防治措施应以农业防治措施为基础，采用合理的轮作制度，如烟稻轮作、烟玉米轮作、深耕细耙、冬耕冬灌、合理施肥等措施。药剂防治为辅，不同的害虫种类采用不同的药剂防治方法。

（1）地老虎

毒饵诱杀：90%的晶体敌百虫0.5 kg，加水0.5~5 kg，喷在50 kg磨碎炒香的菜籽饼上制成毒饵，或用2.5%的敌百虫0.5 kg，拌切碎的鲜青草10~35 kg制成毒草。将毒饵或毒草于傍晚撒到烟苗根际附近，每亩用量15~30 kg。

喷洒药剂：50%的辛硫磷乳油1 000倍液、2.5%的敌杀死乳油1 200倍液浇灌烟株；90%的晶体敌百虫500~800倍液喷雾或灌根。

（2）金针虫

参照地老虎的防治方法。

（3）蝼蛄

毒饵诱杀：将50 kg麦麸或磨碎的豆饼炒香，用90%的晶体敌百虫0.5 kg或40%的氧化乐果乳油1.5 kg，加水15 kg拌入炒香的饵料中，制成毒饵，将毒饵撒在苗床上，每亩用毒饵2~2.5 kg。

（4）煤油水灌注法

在苗床或大田的隧道口，滴入几滴煤油，或将50%的辛硫磷乳油5 g，加水500 g稀释，在煤油中加一些稀释后的辛硫磷乳油滴入隧道口，然后向隧道内灌水。

第五章　现代烟草栽培技术

第一节　烤烟的生长发育

一、烤烟的生长发育周期

烟草的一生，从生长发育看，可分为发根、长茎叶的营养生长和花芽分化、现蕾、开花结实的生殖生长两大阶段；从栽培角度看，可分为苗床和大田两个栽培过程。根据烟草的生长发育习性和栽培特点，可细分为八个生育期。

1. 苗床生长阶段

从播种到移栽前这一段时期称为苗床期。由于各地的环境条件和农业技术措施不同，苗床期长短相差较大。例如，北方烟区一般为60天左右，贵州1月份播种的为70～120天，四川秋播烟长达160～180天。不论苗床期长短，根据幼苗的形态特征和地上、地下的动态变化，大致可分为四个生育时期。

（1）出苗期（从播种到出苗）

烟草种子发芽、出苗要求有适当的温度、水分和通气条件。烟草种子小，贮藏养分少，顶土能力极弱，所以播种时覆土不宜过厚，否则影响发芽与出土。苗床土应经常保持适当的湿润状态，过干、过湿都不利发芽。出苗期的温度条件是决定育苗质量和成败的重要因素之一。发芽的最低温度是7.5～10℃，幼芽在17～25℃的温度范围内能顺利生长，在25～28℃的最适温度下生长最快，高于30℃则种子萌发和幼芽生长都慢，高于35℃时，萌发的种子会失去活力。

（2）十字期（从出苗到十字）

出苗后不久，出现第一、第二两片真叶，当这两片真叶大小近似并与子叶交叉成"十"字形时，称十字期。烟草出苗后即应管好覆盖物，使其适当透光，以利幼苗及早进行光合作用，合成有机养料。在这期间，幼苗输导组织刚开始发育，土壤水分过多又易引起叶片发黄，生长停滞，发生病害。十字期幼苗根系还需要充分通气和适当的湿度，因此应轻浇勤浇，使根系正常生长，减少病害，这

时期可酌施稀薄液肥。

（3）生根期（从十字到小耳）

从第三片真叶生出到第七片真叶生出，其时第三或第四片真叶斜立如小耳状，故又称"小耳期"。生根的前期，幼苗合成能力已相当强，但同化面积还小，茎几乎不生长，而根系发育很快，主根明显加粗，一次侧根、二次甚至三次侧根陆续生出。后期地上部生长虽逐渐活跃，但地下生长比地上部生长显著较快。生根期的管理措施以促进根系生长为主，及时供给磷、钾肥，可以促进根系生长，提高烟苗抗逆力。氮肥施用要适量，过多会使根系发育受抑制。此外，应适当控制水分，保证根系发育有良好的通气条件。

烟草苗床播种一般较密，出苗后幼苗逐渐长大，个体间日益拥挤，如果幼苗过于拥挤，互相争光促使地上部生长加快，则根系生长受到阻碍，并且也容易发生病害。因此，必须及时进行间苗，加强苗床管理，及时揭盖覆盖物增加光照和防病防虫，保证幼苗健壮生长。

（4）成苗期（从小耳到成苗）

从第七片真叶生出到烟苗达到适于移栽的标准时称为成苗期。幼苗长到具8～10片真叶，叶片舒展，叶色正常，茎秆粗壮，茎高5～8cm时即可移栽。成苗期的幼苗，根系已经形成，生长较快，90%以上的干物质都是在"小耳"以后形成的，所以需要有适量的水分和比较充足的养分和光照，在农业技术上除了适当灌溉和追肥外，还应继续间苗，使个体有适当的营养面积。移栽前适当控制水分，进行炼苗，以提高烟苗素质。

2. 大田生长阶段

从烟苗移栽到采收完毕，称为大田期。大田期的长短因品种和栽培条件而异，一般100～120天。大致可分为下列四个生育时期：

（1）还苗期（从移栽到成活）

幼苗移栽后因根系受伤，吸收机能减弱而地上部分蒸腾作用照常，因此引起烟株体内水分亏缺，生长暂时停滞。等到根系恢复生长并达到一定程度时，烟苗才能继续生长。当叶色开始变绿，新叶开始生长时，表示移栽苗已经成活。这一过程一般需要7～10天，其时间的长短与烟苗壮弱及栽培技术有密切关系。因此，移栽时必须选用壮苗、减少伤害、充分供水，以加速幼苗生根，促进成活。北方有些烟区移栽烟苗带有土垛，栽后立即浇水覆土，烟苗继续生长，不出现萎蔫现象，没有明显的还苗期。

（2）伸根期（从成活到团棵）

烟苗移栽成活后，茎叶开始生长，新叶不断出现。初期茎部尚短，叶片集聚地面，以后，叶片出现加快，茎部也伸长加粗，到株高33 cm左右，叶数达12～16片（因品种而不同）时，烟株横向发展的宽度与纵向生长的高度比例约为2∶1，烟株近似球形，称为"团棵"。从成活到团棵一般需要25～30天。

伸根期是根系伸展的关键时期，虽然这一时期茎叶生长逐渐加快，但生长中心仍在地下部，根干重和体积比前期增加10倍以上。伸根期是烟株营养生长的一个转变时期，是为旺盛生长做准备的阶段，也是栽培管理上的一个重要时期，因为要使下一阶段茎叶旺盛生长，必须在伸根期长好一个发达的根系，以保证旺长所需要的大量养料和水分。但是，要使根系在伸根期得以发展，还要有适当的叶面积来合成有机养料，供应根系生长的需要。因此，这个时期的栽培管理原则是上下兼顾，但应更注意促进根系的生长，为旺长期准备条件。大田的蹲苗、中耕、除草、追肥、培土等农业技术措施都集中在这一时期进行。

（3）旺长期（从团棵到现蕾）

团棵后很快进入旺长阶段，茎叶生长非常迅速。不久，茎生长锥开始分化成花序原始体，叶芽分化停止，在主茎顶端中心出现绿色花蕾（现蕾）。从团棵到现蕾，一般需要25～30天。所以，团棵前后的营养条件十分重要，对叶数具有决定性的作用。在旺长期，茎叶生长旺盛，茎高每天平均增加3～4 cm以上，叶片平均不到2天即出现一片，而且叶片伸展迅速。随着总叶面积的迅速扩大，光合产物积累增多。所以，叶片的数量、大小和干物质数量主要决定于这个时期，也就是说，旺长期是决定烟叶产量和质量的关键时期。这个时期栽培管理的基本原则是既要促进茎叶旺盛生长，使有足够的光合面积，又要保证充分的光照条件，提高光合能力。由于这一时期茎叶生长迅速，所以个体与群体之间以及光合面积与光照条件之间的矛盾便显得非常突出，恰当地处理好这些矛盾，是获得烟叶优质适产的关键。在这方面，合理的栽培密度与方式、合理的施肥及适量的灌溉，都是十分重要的。

（4）成熟期（从现蕾到成熟）

烟株现蕾以后，下部叶逐渐衰老，叶片由下而上逐渐落黄成熟，这个过程称成熟期。这一时期一般包括从现蕾到叶片采收结束。从生理和留种角度看，则成熟期还包括开花结果、种子成熟采收的过程。烟株现蕾以后，由营养生长转入生殖生长，叶子中物质分解加强，部分有机物运向花序，这对于烟叶品质和产量的提高都是不利的。因此，在以采叶为目的时，栽培管理上应控制生殖器官的生长和腋芽的发生。主要的农业技术措施是打顶、去除腋芽和改善光照条件，促进叶片及时成熟。烤烟的生育过程见图5-1。

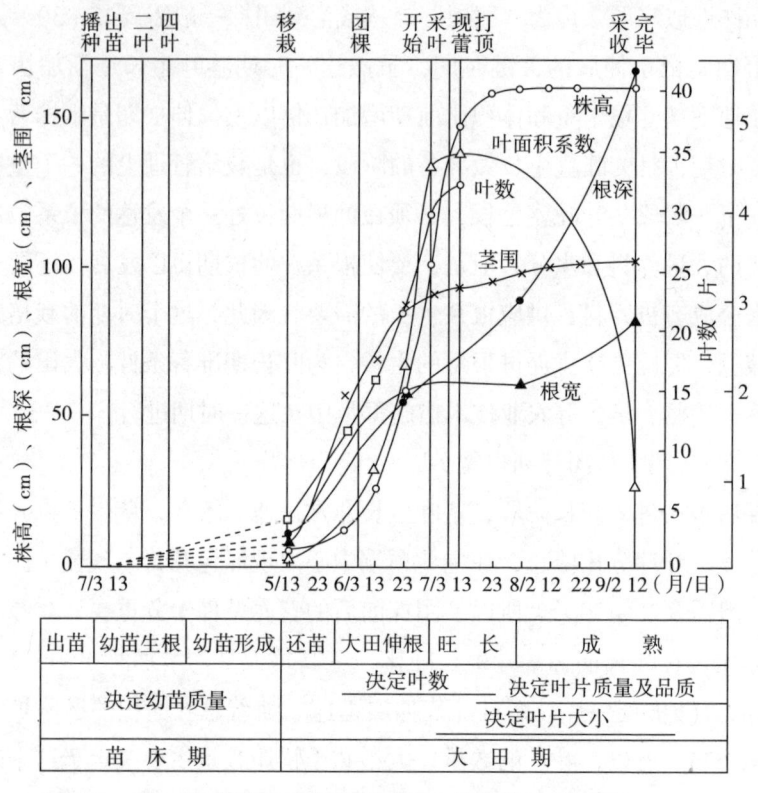

图5-1　烤烟生育期生长曲线（益杂7号，益都）

烟叶在成熟时要求有较高的温度，在平均温度20℃以上时，烟叶品质良好；温度过低，不利于成熟过程中酶的活动和物质转化，烟叶的内在品质和外观色泽都差。所以把烟草种植在适宜气候条件地区或把烟草生育期安排在适当的季节里，是获得优质烟叶的重要措施。

二、烤烟生产的气候条件

烟草是适应性较广、可塑性很强的作物。在不同的自然条件和农业技术措施的影响下，植株的生长发育、烟叶的产量和品质都有明显的差异。不同的烟草类型和品种，对自然条件的要求虽有所不同，但总的说来，温暖、多光照的气候条件和排水良好的土壤，对于烟草是比较合适的。

1. 温度对烤烟生长发育的影响

烟草是一种喜温作物，生长的最适温度为28℃左右，而可以生长的温度范围较广，地上部为8~38℃，地下部是7~43℃。一般7~8月月平均温度在20℃以下的地区很少有烟草生长。烤烟的生育前期如日平均气温低于13~18℃，将抑制生长、促进发育，导致"早花"。然而，对烟草生产来说，如果栽培季节经常处于上述最适温度条件时，烟草虽然生长迅速，营养体庞大，但植株往往比较纤弱，不易产生优质的烟叶。从烤烟的品质出发，烟株对气温条件的要求是前期比较低，后期比较高，这样有利于叶内积累较多的同化物质。

一般认为，要获得品质良好的烟叶，叶片成熟阶段的日平均温度不应低于20℃，而较理想的日平均温度是20~24℃并需持续30天以上。对于生产优质烟来说，持续时间长些更为有利。我国主要烟区地处亚热带和暖温带，气温条件符合这一要求。以生产优质烟叶著称的云南烟区来看，叶片成熟期的平均温度大多在20℃以上，最高温度和最低温度的变动幅度较小。

烟草为了正常完成自己的生命周期，需要一定的积温。我国各烟区的烤烟生育期积温大多在3 500℃左右，其中黄淮海烟区的积温较低。东北烟区采用温床育苗，部分补充了积温的不足。从烟草生育期来看，凡平均温度高的产区，烟草生育期较短，相反温度低，则生育期长。在同一地区，播种和移栽期不同，也存在上述明显的相关性。据对山东夏烟的观测，播种期相差20天的两个处理，成苗天数分别为63天和55天，日平均气温分别为19.4℃和22.4℃，但连续积温比较接近，分别为1 224℃和1 231℃，说明烟草生育期积温比较恒定。

有人认为，昼夜温差大，对生产优质烟叶比较有利。也有人认为，对烟叶品质关系最大的成熟期，以昼夜温差小为好。植物生理的研究证明，夜间温度低、昼夜温差大，能加速叶片同化产物向根、茎、花、果实等器官运转，这种情况对于烟叶来说不利。相反，昼夜温差小，由于同化产物向其他器官的运转缓慢，叶内积累较多的有机养料，对于品质却比较理想。

2. 光照对烤烟生长发育的影响

烟草是一种喜光植物。烟草的需光量，因烟叶着生部位而不同，一般地说，光饱和点由下部叶片向上部叶片逐渐增加，同时需光量又随生育期的变化而变

化，苗期的光饱和点在1万～2万勒克斯，大田期在3万～5万勒克斯。这是对烟草离体叶片测定的结果，是烟草顺利生长所需要的最低界限。实际上烟叶成熟阶段在10万勒克斯的强光下，群体的同化物质总量仍随光强度的增加而增加。

光照对烟草的影响不仅在于光照的强弱，而且还在于日照时间的长短。烟草对日照长短反应因品种而异，大多烟草品种对日照长短的反应是中性，即不敏感；只有多叶型品种是明显的短日性，它们在日照较短的情况下，才能现蕾开花。

日照时间的长短不仅影响烟草的发育特性，与生长也有密切关系。在一定范围内，光照时间长，延长光合作用，可以增加有机物质的合成；当光照条件减少到每天8小时以下时，烟株生长缓慢，茎的伸长延迟，叶数减少，植株矮小，叶色黄绿，甚至发生畸形。

3. 水分对烤烟生长发育的影响

在适宜的温度和土壤肥料条件下，水分充足、土壤湿度大，则烟株茎叶生长旺盛，烟叶大而较薄，产量较高。但是，这种烟叶的细胞间隙大，组织疏松，调制后颜色淡，香气不足，烟碱含量较低。如降水少、土壤干旱，则烟株长势差、产量低，所产烟叶小而厚，组织粗糙，烟碱含量高。可见降水过多或长期干旱，对于生产优质烟叶都是不利的。

我国山东、河南烟草生长期间的月平均降水量为100～130 mm，贵州、云南烟区为180～200 mm。降水对烟草的影响不决定于年降水量的大小，而主要决定于雨量的分布。生育期雨量过分集中或暴雨，对烟株生长不利。雨量均匀分布也不理想，最好移栽期间降水较多以利还苗，还苗后土壤水分少些，以利生根，团棵期有充足的水分可促进旺盛生长，成熟期雨量少有利于适时成熟采收。

三、烤烟生产的土壤条件

烟草对土壤的适应性很强，除重盐碱土外，几乎所有的土壤都可以生长。可是，不同土壤上生产的烟叶，品质差异非常明显。可以这样说，在所有的环境因子中，土壤对烟叶质量的影响最突出，即使在较小范围的产区内，品种、栽培条件和调制技术相似，也往往由于土壤条件不同而导致烟叶质量的明显差异。

1. 土壤物理性状对烤烟生长发育的影响

试验研究表明，土壤的物理性状如土壤质地、土壤结构、土壤通气性、土壤温度等对烟叶的品质和产量有着重要影响。其中尤以通气性状和水分性状之间的平衡，控制了烟叶大部分品质要素，包括外观质量和内在质量。

（1）土壤质地

通常，烤烟适宜在肥力中等，氮素营养不高的轻壤质土、中壤质土或含沙砾质的重壤质、轻黏土上栽培。如山东、河南等省在丘陵山区的淋溶褐色土（沙砾质重壤至黏质红土）上生产的烤烟品质优良，烟叶色泽金黄，吸食香味较浓、纯正舒适。晒黄烟适宜栽培的土壤条件与烤烟相似。淡色晒黄烟适宜种植在表土为沙砾质壤土、底土保肥保水性能尚好的土壤上，其所产烟叶调制后，色泽黄亮均匀，厚薄适中。

此外，植烟土壤所处的地形地貌也影响烟草生长和品质。一般山地丘陵区沙砾质中壤至重壤质土所产烟叶香味浓，而沙质轻壤质土所产烟叶香味淡。在平原地区以轻壤土至中壤质土的烟叶品质优良。香料烟一般种植在山坡薄层沙质轻壤土或沙质轻黏土上才能保持其特有的浓香。

（2）土壤孔性、结构性与耕性

孔性、结构性、耕性良好的土壤能够满足烟草对空气、水分的要求，有利于土壤养分状况的调节、烟草根系的伸展和对烟田的耕作管理。适于烟草生长发育的土壤耕层，空气孔隙度为15%～22%。毛细管孔隙与通气孔隙配比合理的土壤，空气和水分协调，这样的土壤有利于烟草根系呼吸作用，能满足烟草对氧气的需要，同时有利于土壤养分转化。适度地中耕、增施有机肥料、合理轮作，可以调节土壤孔隙度，促进土壤通气性，有利烟草生长。

通常烟草根系活动层适宜的土壤结构为团粒状、粒状结构和小块结构。其特点是具有多孔性、机械弹性和水稳性，能调节土壤水分、空气、热量和养分状况，使之处在协调状态，又便于耕作管理。

土壤孔性、土壤结构性决定了土壤通气性，土壤通气性是烟草生长的重要环境条件。烟草是需氧多的植物，氧是维持烟草根系功能的因素。由于烟碱是在烟草根部，尤其是幼根和根毛等部形成的，土壤通气性不良，则土壤供氧不足，根系呼吸受阻，新生根的形成及活性就会减少，因而就直接影响烟碱的合成。保持良好的土壤通气性则有利于根部烟碱的合成。土壤耕性是各种土壤物理因素的综合反映。烟草适宜种植在松散柔软的土壤上，这种土壤适耕期长，干湿好耕、易耕易耙、耕后松散，省工、省力。具有这种适耕性的土壤主要是

粉沙壤质土、轻壤质土、中壤质土以及经过长期耕作熟化富含有机质、结构良好的重壤质土。选择、创造适宜栽培烟草的耕性良好的土壤，是烟叶生产的重要一环。烟田适度中耕、增施有机肥料、提高土壤有机质含量，可以使土壤疏松多孔，并能和矿质土粒结合形成有机、无机复合体，构成良好的土壤团粒结构，从而改善土壤耕性。

（3）土壤温度

烟草整个生长发育过程，都需要一定土壤温度条件。在适宜的温度下土壤的化学和生物化学过程及烟草的生长活动就能处在有利状态。土壤温度影响烟草的生理过程。烟草各生育期要求的土壤温度条件不同。种子萌发最适宜的土壤温度为25～28℃，移栽期地温必须在10℃以上，气温稳定在13℃以上；一般认为温度在30～32℃时烟草根系生长量最大。

地温影响烟草生长发育，同时也影响土壤养分的释放与供应。通常在高温季节土壤微生物活动最活跃，土壤有机质矿质化最快，土壤供肥能力最强。

2. 土壤有机质对烤烟生长发育的影响

土壤有机质是土壤的重要组成部分，我国耕地土壤耕层的有机质含量多数在5%以下。它的含量虽少，但对土壤的化学性质、物理性质和土壤肥力有重要影响。

土壤有机质是各种营养元素特别是氮、磷的主要来源。一般来说，土壤有机质含量的多少，是土壤肥力高低的一个重要指标。土壤有机质含量高低，一般来说对烟叶品质的影响，并不是主要的，往往是施肥量控制不当对烟叶品质的影响更大。种烟土壤有机质的适宜含量，以各地中等肥力水平土壤的有机质含量范围为宜。目前从各省土壤有机质含量的变化幅度来看，高低非常悬殊，这对均衡地提高烟叶质量会有一定影响，因此必须有计划地采取有效措施，逐步实行烟草生产专业化和技术规范化，做到用地养地，保证烟草质量的稳定提高。

3. 土壤pH对烤烟生长发育的影响

我国土壤的酸碱度，在地理分布上有"南酸北碱"的规律性，以长江为界，长江以南的土壤多为微酸性或强酸性，长江以北的土壤多为中性或微碱性。但因成土母质等因素的影响，山东和辽东半岛集中分布的棕壤则多呈微酸性，而南方在石灰岩上发育的黑色石灰土及某一些紫色土则为中性。

酸碱度是土壤的基本性质之一，它对土壤养分的存在状态、转化和有效性以及土壤的物理性质等都有很大影响。首先，土壤中有机态养分要经土壤微生物参与活动，才能使其转化为速效态养分供植物吸收，而这些微生物大多数在接近中性的环境条件下生长发育，因此土壤中养分的有效性一般以接近中性反应时为最大。如土壤中的氮素绝大部分以有机态存在，因而pH在6～8范围内有效度最大。磷酸盐pH在6.5～7.5时的有效度最大，当pH超过7.5时易被钙离子固定，在pH低于6.5时由于可溶性铁、铝增加而形成磷酸铁、铝，使其肥效降低。钾、钙、镁等营养元素的盐类在酸性土中可被溶解，呈有效态，但易随水流失，所以酸性土里常感缺乏。pH值在8.5以上时，土壤中钠离子增加，钙、镁离子便被代换出来生成钙、镁的碳酸盐而沉淀。所以钙、镁的有效性以pH为6～8时最好。总的来说，土壤酸性愈强，土壤有效养分愈缺乏，微酸性至中性时，有效养分较多。相反，微量元素如铁、锰、硼、锌一般在酸性土壤中因可溶而有效度提高，在石灰性土壤中则因容易产生沉淀而有效性降低。钼是例外，因酸性土壤多活性铁、铝，钼易生成不溶性的钼酸铁、钼酸铝而降低有效性。

烟草对土壤酸碱度的要求并不严格，在pH为4.5～8.5的范围内均能生长。但不同的土壤酸碱条件对烟叶品质有明显影响。从烟叶品质的需要出发，对土壤酸碱度亦有较为严格的要求。据我国各烟区多年生产实践和研究证明，烟草适宜的土壤酸碱度为微酸性到中性。这与土壤中各种营养元素最大有效性的适宜pH范围基本一致。

4. 土壤肥力对烤烟生长发育的影响

烤烟正常生长发育需要16种必需的营养元素。需要量较大的元素有碳、氢、氧、氮、磷、钾、钙、镁、硫，需要量甚微的元素有铁、锰、硼、锌、铜、钼、氯。这些营养元素除碳、氢、氧外，矿质营养元素主要来自土壤。

氮素是细胞内各种氨基酸、酰胺、蛋白质、生物碱等化合物的组成部分，是对烤烟产量、品质影响最大的营养元素。氮素过多，烤烟生长过分旺盛，造成成熟迟缓或不能很好落黄，且烟碱含量高，吃味辛辣，杂气重，刺激性强，致使品质低劣甚至失去食用价值；若氮素营养不足，既影响产量，又使叶薄色淡，香气和吃味不足。

磷是细胞内磷腺苷、核酸及含磷辅酶等的重要组成成分，又在烟株内能量代谢、碳氮代谢以及物质运转中起重要作用。烤烟缺磷，可造成下部叶发生褐色斑

点，植株生长不良，抗病力降低，成熟迟缓。

钾是烤烟吸收量最多的营养元素，又是烟株的结构成分，在体内呈离子态存在。缺钾将导致烟叶中钾和总糖量减少，总氮、蛋白质、钙与镁的含量增加，从而使烤烟的一些重要指标降低。烟叶中钾的浓度较高时，可以改善一些烟草的质量指标，包括降低烟叶中α-氨基氮、蛋白质氮、总挥发碱及钙的浓度，增加烟叶的燃烧性与持火力，并改善烟叶的外观标准，从而提高市场均价。除此以外，烟叶中较高浓度的钾还能改善烟气的质量，因而可以推测在一定程度上，烟叶中较高浓度钾降低了吸烟的危害性。我国烤烟中钾的含量一般比国外的烤烟要低，国外烤烟中钾含量达2.47%，一般在2%以上，而我国烟叶含钾量一般在1.5%以下。国外引进的一些烤烟品种在当地相同的栽培与施肥条件下，烟叶的含钾量也不是很高。另外，我国北方烤烟中钾含量也存在一定差异，如何提高我国烤烟中钾的含量是烟草研究和烟草生产上的一个重要内容。

钙是烤烟吸收量仅次于钾的营养元素，烟株吸收的钙一部分参与构成细胞壁，其余以磷酸钙及草酸钙等形态分布在细胞液中。

镁含于细胞叶绿素的卟啉核内，是碳水化合物酶类中一些酶的成分，在碳代谢中起重要作用，且与磷代谢有关。

由于常用的氮磷钾肥料中含有大量的硫，所以在烟草生产中几乎很少发生缺硫现象，但烟株吸硫过多也影响其香气和吃味。

我国不同烟区植烟土壤均不同程度地缺乏微量元素，造成烟株缺素症的表现，影响烤烟质量。特别是普遍缺硼，部分缺锌、缺锰、缺钼等。近年来，经过研究，已确定了微量元素的土壤含量标准与临界点，这对指导烟区植烟施肥意义重大。

四、栽培条件对烤烟生长发育的影响

1. 密度

烤烟种植在不同密度下，其群体结构变化亦不同。随着密度的增大，单株各部位叶片的面积减小，尤其下部叶片减小幅度大；节距随密度的增加而拉长；烟株现蕾与现蕾盛期延迟。随着密度的增大，田间温、湿度和光照条件发生改变，造成烟株地上部的生育状况发生变化。其中茎、叶的变化尤为显著，由于叶面积不断扩大，株间光照逐渐减弱，光合效率降低，干物质积累减少，单叶重量减轻。

2. 垄作

烤烟栽培有平作、畦作和垄作三种形式，近年来各地推广垄作栽培。垄作能加厚松土层，改善土壤水、肥、热、气状态和养分状况，使植株根系发达，发株快，成熟早，同时可以防涝、防旱，有利于烤烟生长发育。

垄作对整地质量要求较高，要随耕随耙，起垄时要打碎土块，垄内不可埋藏土块。起垄后必须将垄拍实，保持垄面精细平整，以利覆膜。

3. 适时打顶

适时打顶可抑制烟株顶端优势，促进次生根的萌发，增强根系对水、肥的吸收；改善上部叶片的营养条件，使中上部叶片的重量增加；改善上位叶片的化学成分，提高上部叶的质量。

打顶的时期与留叶多少相关。不同地区、不同肥力状况、不同品种，留叶多少均不同，其打顶时间有异。一般以现蕾或开花为依据，一种是现蕾打顶，一种是见花打顶，一种是抠心打顶。不同时期打顶适合于不同条件的烟株生长状况。

第二节　烟田的准备

一、烟田选择

1. 地理要求

烟田宜选择在光照充足、通风良好的平坦地或缓坡地，并远离村庄、果园、大棚、菜园等毒源，排灌方便，无空气、灌溉水、土壤污染。大风隘口、常遭冰雹袭击处，以及低洼易涝和田面坡度大于20°的地块不宜种植烤烟。

2. 土壤要求

适宜种植烤烟的土壤类型主要为淋溶褐土、褐土和棕壤。土壤质地平原以轻壤至中壤，山地以中壤至轻黏壤为宜，肥力中等。肥力过高的地块不适宜种烟。

3. 前作要求

根据前作收获后土壤中氮素残留量和前作与烤烟有无同源病害，来选择烤烟适宜的前作。

禾本科作物如小麦、谷子、水稻等与烤烟无同源病害，同时其根系发达，耗

肥多，是烤烟适宜的前作。芝麻一般施氮肥较少，且与烤烟无同源病害，也是烤烟较好的前作。玉米尽管也属禾本科作物，但玉米在栽培过程中大量施用尿素、碳酸铵等化肥，使土壤中氮素的残留量较大，种烟施肥量不易准确控制，选择前作时应慎重。

甘薯与烤烟同为需钾素较多的作物，甘薯收获后残留给下茬的钾素减少，但甘薯施肥较少，耗肥较多，土壤残留氮素少，故甘薯作为烤烟的前作，对氮素的控制有利。在增施氮肥的基础上，甘薯也是烤烟较适宜的前作。

豆科作物与烤烟虽无同源病害，但由于豆科作物的固氮作用，导致土壤残留氮素较多，不适宜作烤烟的前作。

棉花不适宜作烤烟的前作，因为棉花施氮多，而且施肥期晚，接种烤烟很难协调烤烟的养分供应。

茄科、葫芦科作物（如西红柿、土豆、瓜类等）与烤烟有同源病害，是烤烟禁忌的前作。烤烟应与适宜的前茬作物实行轮作，避免重茬，并应坚持2～4年的轮作周期。

二、烟田整地与改良

1. 冬耕

冬耕的作用：改善土壤物理性状；熟化土壤，提高肥力；减少病虫害和杂草；促进烟株根系和地上部生长。

冬耕的方法：烟田封冻前及时冬耕。冬耕宜深（25 cm以上），耕后不耙，以便更好地积蓄雨雪，促进土壤风化。春季解冻后及时耙透、耙细、耙平。冬耕时应注意土壤的易耕性，耕翻时土壤水分应适宜，水分太多或太少，均不能达到改良土壤结构的作用。

2. 土壤质地改良

对于过沙或过黏的地块可采用"客土法"进行土壤质地改良。

3. 调整土壤酸碱度

主要针对土壤偏碱性的地块，可在耕翻土地时撒入适量石膏粉，调节土壤酸碱度。

4. 种植绿肥

适宜烟区播种的绿肥品种有冬牧70、多年生黑麦草、毛叶苕子。北方烟区9月底至10月初将确定好的烟田深耕（深度25 cm）、耙细、挖好排水沟，播种毛叶苕子，播种量为45~75 kg/hm^2，行距20~30 cm。播种时沟施过磷酸钙225~300 kg/hm^2，第二年春季结合灌溉追施尿素45~75 kg/hm^2。在第二年烟苗移栽前30天左右、绿肥木质化前进行翻耕压青，先用圆盘耙将绿肥打碎，然后用旋耕犁翻压。

5. 增施堆肥

堆肥沤制方法：使用猪粪、牛粪、麦秸、马粪或菌剂为原料，在室外温度达到15℃以上时进行，选择在背风向阳处沤制。

将麦秸粉碎成3~5 cm长的碎料，按照猪牛粪500~700 kg、麦秸300~500 kg、水250 kg的比例混合，加入生物发酵剂，搅拌均匀，堆成1~1.5 m高的料堆进行发酵。当物料温度变化平稳，外观呈黑褐色并伴有白色菌团时发酵腐熟结束。

堆肥使用技术：堆肥适用于土壤氯离子含量低于25 mg/kg的平原烟田和低于28 mg/kg的丘陵、山地烟田。按有机肥占烟田总施氮量的40%计算，一般用量为12 000~18 000 kg/hm^2。堆肥可采用撒施和条施两种方法。撒施，在起垄前均匀撒在烟田；条施，起垄时均匀施在垄中心线底部。

6. 秸秆还田

冬耕时，将腐熟的作物秸秆均匀撒施在烟田，并耕翻地下。一般用量7 500 kg/hm^2。

7. 增施优质腐熟厩肥

仅限于土壤贫瘠地块施用。施用前充分腐熟、晒干、粉碎，可在起垄前均匀撒施于烟田，或在起垄时条施于垄中心线底部。施用量7 500~11 250 kg/hm^2。

三、起垄与施肥

1. 起垄

北方烟区一般在4月15日前完成起垄。土层深厚，土壤保肥、保水能力强的地块，垄距110~120 cm，垄高20~25 cm，垄底宽65~70 cm，垄顶宽35~40 cm。土层较薄，土壤保肥、保水能力差的地块，垄距100~110 cm，垄高15~20 cm，垄底宽65~70 cm，垄顶宽30~35 cm。

2. 施肥

（1）常用肥料种类及使用方法

表5–1　常用肥料种类及使用方法

施肥方式	肥料种类		使用方法
基肥	有机肥	优质猪粪、厩肥、堆肥	仅限于土壤贫瘠地块，且土壤氯离子含量小于150 mg/kg的烟田施用（堆肥用于土壤氯离子含量低于25 mg/kg的平原烟田和低于28 mg/kg的丘陵、山地烟田）。施用前充分腐熟、晒干、粉碎，可在起垄前均匀撒施于烟田地表面，或在起垄时条施于垄中心线，深度20 cm左右
		豆饼、芝麻饼、花生饼、麸皮等	充分腐熟、粉碎，起垄时条施于垄中心线，深度20 cm左右
	无机肥	烟草专用复合肥、撒可富复合肥、硫酸钾、硝酸钾、过磷酸钙、钙镁磷肥、磷酸二铵、硼砂、硫酸锌、硫酸镁、混合微肥等	起垄时双侧条施，深度10～15 cm。过磷酸钙和钙镁磷肥不能与其他肥料混合，应单独拌土撒施
提苗肥	磷酸二铵、硝酸钾		移栽时穴施，与烟苗根系保持一定距离，以防烧根
追肥	硝酸钾		栽后穴施于烟株两侧10～15 cm，深度10～15 cm

（2）施肥量

具体烤烟施肥方案由烟草部门测土化验之后根据多方面因素综合确定。烟农在购买肥料时应根据以下几个原则作适当调整（具体施肥量可与技术员协商确定）：

①无水浇条件的烟田施肥量比有水浇条件的烟田相应降低。

②一般沙性土壤适当多施肥，黏性土壤适当少施肥。

③前茬作物是玉米、大豆、花生的烟田，施氮量比甘薯、谷子等茬口相对减少。

（3）施肥方法

保肥性能好的地块，采用基肥与提苗肥相结合的办法，即起垄时有机肥条施于垄中心线，除提苗肥之外的其他无机肥全部双侧条施，提苗肥移栽时穴施。提苗肥一般用磷酸二铵或硝酸钾，也可用磷酸二铵与硝酸钾按一定比例配成的混合肥，用量45～75 kg/hm²。

保肥性能差的地块，采用基肥与提苗肥、追肥相结合的办法，即每公顷留出45～75 kg磷酸二铵（或硝酸钾，或磷酸二铵与硝酸钾按一定比例配成的混合肥）作提苗肥，于移栽时穴施。同时将无机肥中部分氮、钾肥（一般用硝酸钾）

留出作追肥，于栽后25天内穴施入烟株两侧，其他肥料起垄时作基肥。有机肥条施于垄中心线，无机肥条施于垄两侧。

施肥应均匀一致，尤其是几种肥料混合施用时，应混拌均匀，确保大田烤烟生长整齐一致，单株营养协调。

3. 覆膜

薄膜的类型，以无色透明膜、光解膜或双解（光、微生物）膜为宜。在黄瓜花叶病危害严重的地块，可选用银灰色地膜。薄膜厚度0.005~0.008 mm，薄膜幅宽90~100 cm。根据土壤墒情等因素，可先覆膜后移栽或先移栽后覆膜。无论哪种覆膜方式，在覆膜时应使地膜与垄面紧紧相贴呈相对密闭状态。

先覆膜后移栽，趁土壤墒情合适，起垄后喷洒除草剂，立即覆膜，膜的四周用土压实。若土壤墒情较差，可造墒起垄覆膜。栽烟后将烟苗四周的地膜开口压紧封严。

先移栽后覆膜，若土壤墒情较差，又无条件造墒，则采用先移栽后覆膜方式。栽烟时多浇水，改善土壤墒情，栽烟后喷洒除草剂，及时覆膜并压实。在烟苗上方划开地膜，放出烟苗后，将苗四周的地膜开口用土压紧封严。

第三节　烤烟移栽

一、移栽时间

根据气候状况，各区烤烟移栽时间以当地传统时间为宜。

为保证大田烟株生长整齐、成熟落黄一致，移栽时应尽量缩短时间，同一地块或同烤房的烟苗移栽时间不得超过2天。

二、移栽密度

土层深厚、保肥保水能力强的地块，行距110~120 cm，株距50 cm，种植密度每公顷16 650~18 150株；土层较薄，土壤保肥保水能力差的地块，行距100~110 cm，株距50 cm，种植密度每公顷18 150~19 950株。

三、移栽方法

采用三角定苗方法。托盘烟苗移栽，选用健壮、均匀烟苗。

1. 先覆膜后移栽方式

刨穴：根据烟垄上的三角定点标记刨大穴，穴深10 cm以上。

栽烟：根据烟苗茎高适度深栽烟，栽后烟苗生长点高出垄顶2~3 cm，无高脚苗现象。

浇水：结合土壤墒情，每株浇水0.5~1.0 kg，确保烟苗营养土块吃透水。

施提苗肥、毒饵和神农丹：提苗肥用磷酸二铵或硝酸钾，用量为45~75 kg/hm²。毒饵可用90%敌百虫可溶性粉剂加麸皮拌成，敌百虫：麸皮=1∶100，用量52.5~60 kg/hm²。神农丹用量为9~13.5 kg/hm²。提苗肥、毒饵和神农丹与烟苗根系保持一定距离，以避免伤苗。

培土：培土时尽量不挪动烟苗，用细土将烟穴填满，确保烟苗营养土块、提苗肥、毒饵和神农丹全部覆盖。

封口：培土后及时用土将地膜开口压紧封严。

2. 先移栽后覆膜方式

先移栽后覆膜方式主要因为起垄时土壤墒情差所致，故移栽时宜采用垄顶开沟栽烟的办法，以便多浇水，提高土壤墒情，沟深10 cm以上。亦可采用刨大穴、多浇水的办法。栽烟、提苗肥、毒饵、神农丹和培土等措施，与"先覆膜后栽烟"方式相同。栽烟后喷洒除草剂（注意不要让除草剂溅到烟苗心叶上），及时覆膜并压实，在烟苗上方划开地膜，放出烟苗后，将苗四周的地膜开口用土压紧封严。

第四节　烟草大田机械化移栽技术

烟叶机械化移栽可有效提高烟叶移栽质量。机械移栽将挖穴、施肥、植保、取苗、注水、定植等操作集成一起完成，具有提高移栽效率、移栽成活率、减轻劳动强度、操作简单等特点。因此，要以把握壮苗移栽为基础、实施病虫害防治措施为重点、规范机械化移栽覆膜技术为关键，保证作业质量。

一、栽前准备

1. 烟苗准备

机械化移栽对烟苗的要求：烟苗单株叶数7~8片，茎围2~2.5 cm，茎高

10～15 cm，叶长5～7 cm，茎秆柔韧性好，叶片在茎秆上分布均匀，生长整齐度高，苗龄55～60天，无病虫害。

科学锻苗：锻苗应采取剪叶、通风、断水、控肥多种方式相结合进行。当幼苗达到成苗标准时，即可排干苗池中的营养液进行锻苗。锻苗程度以中午明显萎蔫，早晚能恢复为宜，锻苗时间为7～10天。

病虫防治：①在移栽前2～4天喷施抗病毒剂病毒特500～700倍液，或抗毒丰300～500倍液预防病毒病；②在移栽的前1天喷施4 000～6 000倍液的康福多或其他防蚜药物；③在移栽拔苗前浇施宝克600～800倍液和大克力600～800倍液预防栽后发生根部病害。

2．移栽准备

（1）备好烟用农资

按照施肥方案，准备好提苗肥，备足移栽需用的防治病虫害农药、农膜等。

（2）烟苗运输工具、移栽机、覆膜机、维修工具准备

主要包括运输车辆、防蚜设施、移栽机、覆膜机、水肥一体机或微喷灌设备等。移栽前要对将使用的机械进行必要的检修、调试。

（3）培训拖拉机手与放苗操作人员

拖拉机手要达到熟练掌握机械操作技术，并严格按照操作技术规范和安全要求操作，运行保持匀速，与放苗人员相互配合，确保移栽顺利进行。

二、大田机械化移栽技术

1．移栽机结构及工作原理

分别设置了机架、与机架连接的悬挂装置、设置在机架上部并与机架连接的储苗分苗装置、设置在机架中下部并与机架连接的投苗装置、设置在机架下部并与机架连接的开沟覆土镇压装置。储苗分苗装置包括：链式苗筒带，主、从带盘及带盘架，与主带盘摩擦连接的驱动机构，从带盘的自由转动机构，链式苗筒带驱动轮及其驱动机构，设在苗筒带下部的落苗筒。投苗装置包括：栽植盘、定位盘、苗筒，投苗挡铁，栽植盘驱动机构，栽植盘通过轴承与机架连接，苗筒与栽植盘连接，定位盘通过拐臂与栽植盘连接，设在苗筒上的苗筒开闭机构；开沟覆土镇压装置包括：设在机架下方与机架连接的开沟器，设在机架后部下方并与机架连接的覆土镇压轮。

　　由于设置了悬挂装置，它可以与四轮拖拉机等动力机械的液压悬挂部位相连接，经过剪叶锻炼后的托盘烟苗，分装到苗筒带内，将苗筒带前段空位部分，绕过并挂在苗筒带驱动机构的拔带轮上，再挂到主动带盘架的轮套上，悬挂下降，牵引机械前进，开沟器开沟，覆土轮旋转覆土，并通过传动机构带动栽植盘旋转，苗筒相应移动位置，由于定位盘是偏心三点定位并随栽植盘同步旋转，它始终保持苗筒的垂直位置不变，苗筒转到投苗筒下，烟苗落下，苗筒带着烟苗继续位移，到栽植盘下方合适位置，投苗挡铁压下苗助套，内套压迫苗筒下边的开闭机构张开，烟苗落下，覆土轮随即由两侧将土封好压实，完成移栽任务（图5-2）。与现有技术相比，具有减轻劳动强度、提高工作效率和移栽质量等显著特点。

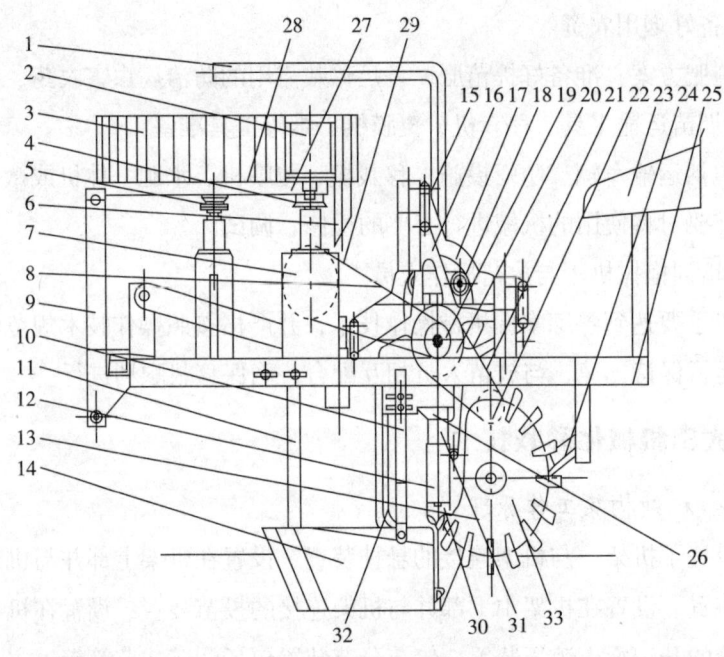

图5-2　大田移栽机结构示意图

1-水管；2-链式苗筒带驱动轮；3-链式苗筒带；4-驱动轮；5-摩擦轮；6-落苗筒；7-大链轮；8-下苗口；9-三脚架；10-滑刀后支撑板；11-滑刀前立柱；12-苗筒；13-链轮；14-滑刀式开沟器；15-拐臂；16-栽植盘；17-定位盘；18-定位盘轨道轮；19-小链轮；20-大链轮；21-链条；22-小链轮；23-尾座；24-刮土铲；25-机架；26-投苗挡铁；27-带盘架；28-带盘；29-链条；30-苗筒活门；31-苗筒内套；32-出水管；33-覆土镇压轮

2. 具体实施方式

　　烟苗移栽机使用时，将水箱固定在四轮拖拉机后边特制的三脚架上，用软管与移栽机水管连接，用液压悬挂装置与移栽机连接好，苗筒带卷绕放在带盘上，拿下带盘及链式苗筒带，由人工将托盘烟苗分装到每个苗筒内后上机，将链式苗筒带端部空出的部分绕过链式苗筒带驱动轮挂到主动带盘架的轮轴上，调整摩擦轮的摩擦力，试运转，观察投苗时间。如果不能准确投入苗筒口内，可调整大链轮的相对位置及链条啮合齿位。链式苗筒带驱动轮的相对位置也可调整投苗时间。观察开沟器开沟深浅及覆土轮覆土时间。烟苗茎短开沟应浅，否则可深，通过开沟器前立柱、后支撑板可调整开沟深浅，通过对开沟器前立柱固定横梁与后支撑板前后移动可调整覆土时间，使烟苗直立不歪斜。通过调整投苗挡铁的前后上下位置。决定投苗的时间和位置。更换不同齿数的链轮可调整株距。调整控水凸轮盘的相对位置，可改变供水时间。调整球阀可改变水量的大小。液压升降抬起，一切运转动作停止。

由于我国烟区多分布在浅山丘陵地区，正常情况下浇水移栽方式在进行过程中易出现水跟不上，因此，采用干栽烟，即移栽不浇水，移栽后立即浇水。栽烟水不随移栽机下田的技术思路较符合当前实际。

三、大田机械化覆膜技术

为驱避蚜虫和调节土壤水分，促进烟株早发快长，栽后要求进行地膜覆盖，提倡栽一行盖一行。一般要求移栽机边移栽边使用覆膜机进行覆膜。覆膜时注意膜边封土5 cm左右，覆土过少使得地膜覆盖不严，覆土过多影响透光。在晴朗天气情况下要求地膜覆后立即放苗，并要注意放苗口用细土封严。

2M80型烟草专用变幅仿形覆膜机主要用于烟田的垄上覆膜，安装拆卸简便，覆膜作业的关键部位可以根据用户的不同要求而调节，以满足不同烟田覆膜的需要。当地膜的宽度60～80 cm，垄宽70～100 cm，垄高15～35 cm，垄间距90～130 cm时，均可使用本机进行覆膜作业。本机采用仿形技术，可以根据地形自动调节，覆盖后受光面宽度40～60 cm。覆膜速度快，覆膜效果好，有效提高烟农劳动效率。

1. 主要结构及工作原理

在机架前端有固定连接机构；后边依次有开沟犁、地膜固定架、展膜杆、压膜轮、覆土盘、调节手柄、支撑轮等。各工作部件的活动位置，均可以根据生产要求进行高度和幅宽调节。转动调节手柄可调节各工作部件的工作位置，达到封

土均匀和覆膜平整。

该覆膜机由连接机构与动力设备相连接。将地膜固定在固定架上，在动力设备的牵引下匀速前进。覆膜机依据人工覆膜的工作步骤和原理进行工作，先在垄体两侧翻开两道沟，压膜轮将展开的地膜两边压在沟内，覆土盘将土覆盖在地膜两边，完成地膜铺设。

2. 安装

（1）手扶车用系列安装方法

将覆膜机上的牵引安装在手扶拖拉机的牵引座内，安上插销，调节锁丝至内壁有5~8 mm间隙即可。

（2）四轮车用系列安装方法

将覆膜机上的悬挂点依此安装在悬挂对应位置上，插入插销，调节悬挂上丝杠的长度，至覆膜机的横梁处于水平位置。

3. 使用与调节

（1）压实轮调节

调节压实轮丝杠至低于垄顶2~4 cm的位置，使压实轮在行走时把垄顶压成一个平面。

（2）开沟犁调节

以压实轮高度为基准，调节开沟犁高度，调节开沟犁上下调节螺丝比压实轮下平面低5~8 cm，开沟犁在压实平面下开出5~8 cm深的沟，调节开沟犁中间调节螺丝，开沟犁左右移动，调节至两犁尖间距小于地膜宽度20~25 cm。

（3）地膜支撑架调节

地膜支撑杆内端有三个销孔，每个销孔间距5 cm，开口销锁在第一个孔。三个销孔可分别安装规格为80 cm、70 cm和60 cm地膜。安装更换地膜时，拉紧两端撑杆，弹簧收缩，即可安装和更换地膜。

（4）展膜杆调节

展膜杆距垄顶4~6 cm，两端保持水平，以保证展膜均匀。在有风力影响的情况下，可适当下调。

（5）压膜轮调节

调整压膜轮顶端锁紧螺丝，调节压膜轮轴开合，使压膜轮内缘间距和开沟犁的宽度保持一致；调整调节丝杆，使压膜轮下缘高度和开沟犁下缘高度保持水平位置。根据实际情况调节压力螺母以调整弹簧压力。

（6）覆土盘调节

松开覆土盘固定架中间的锁紧螺丝，调整覆土盘下缘低于压膜轮下缘8~10 cm（可以根据实际的覆土量调节），覆土盘前端向外张开，与压膜轮外边缘之间形成≤30°夹角，然后锁紧锁丝。

覆土盘固定支架开合，可调节宽度。调节覆土盘后边缘与压膜轮外边缘在一条纵轴线上。

（7）支撑轮调节

松开支撑轮紧固螺丝，调节支撑轮宽度与垄间沟宽度一致，支撑轮走在垄沟内，调节旋转螺母以调节支撑轮高度。

四、大田机械化栽后灌水技术

1. 单株自动化穴灌技术

烟田WK-1自动化注灌机适合山区丘陵以及平原干旱缺水地区的烟田肥水灌溉。可根据烟田追肥灌水要求调节施肥深浅度及灌入量。单喷头灌溉1棵烟苗需时5秒，每667 m²需时约1.5小时。能节约肥、水资源，提高劳动效率和降低劳动强度。

（1）操作技术

分别将吸水管、回水管、灌溉管装妥于吸水口、回水口及出水开关，将灌溉管与自动喷射部件连接，确保旋紧不漏气。

根据烟草根部位置调节喷头杆上两个可调螺丝确定插入深浅。距离烟苗10 cm处插入土壤，下水孔插入灌水烟田烟株根系下5~20 cm，并回复1~2 cm，触发盘触动行程触发开关，灌水尖端下水孔开始往烟株根系注水。

（2）水肥药一体化

为确保烟苗早发和防治病虫害，栽前注水时可在水罐中加入速效肥料，要求氮素浓度为0.3%；加入防治根部病害的药剂，用宝克稀释倍数为800倍、用甲霜灵锰锌稀释倍数为500倍、用大克力稀释倍数为800倍，加入敌百虫防治地下害虫，使用倍数为1 000倍。

2. 微喷灌技术

微喷灌技术是以少量的水湿润作物的根区附近的部分土壤的一种局部灌溉技术。其特点是灌水流量小，一次灌溉延续时间较长，灌水周期短，能够准确地控制水量，能把水和养分直接地输送到作物根部附近的土壤中去。它不但可以解决节水的问题，并通过喷灌施肥装置进行施肥，以解决水肥共施的问题。

灌溉技术采用高效节水微喷带。其材料为特殊激光打孔的多孔微喷灌聚乙烯带，耐压、耐老化，正常使用可达5年以上。最大铺设长度100 m，每个单元由1根主管和3根支管组成，主管直径80 mm，支管直径40 mm，支管上分布有微喷孔，直径0.3 mm，孔距为40 mm，孔的走向为S形。水雾高度1.4~1.6 m，喷幅为3~4 m，每小时出水12~15 m^3。

（1）使用特点

根据压力、流量及作物来确定规格和喷灌带条数，以及设计出水口的形式和位置。

（2）使用方法

将喷灌带顺着作物垄向展开，喷孔向上，一端接出水口，另一端用软绳或用专用带夹扎住，打开并调整控制阀门（油门），喷灌带便进入工作状态。

（3）注意事项

使用前后避免在地上拖拉，使用后将其卷好清洗干净并放于阴凉处。

五、其他有关要求

1. 所有参与移栽工作的人员要用肥皂水洗手消毒，移栽过程中严禁吸烟。

2. 移栽前用绿先锋300倍液，或菌毒净200倍液，或30%有效氯漂白粉10~20倍液对移栽机械进行彻底消毒。

3. 栽前拔苗。在移栽前将烟苗从苗盘中拔出放在移栽机的烟苗托盘中。

4. 注意调节株距，一般要求株距在0.5~0.6 m之间。

5. 注意烟苗的夹持位置，确保烟苗心叶露出地面1~2 cm。

6. 注意水量调节，移栽前要调好供水量，以烟苗栽后土表不露湿泥为宜。注意移栽过程中供水不能间断，发现供水故障及时处理。

7. 移栽后及时喷施4 000~6 000倍液的康福多或其他内吸性防蚜药物，并在烟苗周围环施拌有敌百虫的炒香毒饵。

第五节　田间管理

一、优质烤烟田间长相

1. 团棵期

栽后25～30天，株高（自地表茎基处到生长点的高度）25～30 cm，大于5 cm叶数12～14片。

叶色绿至深绿，叶片较厚，烟脉略凹陷，叶面凸起，烟株横向生长的宽度与纵向生长的高度比例约为2：1，植株近似半球形。

群体整齐一致，基本无病虫害，无缺素症状。

2. 旺长期

栽后50～60天，株高（自地表茎基处到生长点的高度）100～120 cm，茎围8～10 cm，大于5 cm叶数22～26片，中部最大叶长55～65 cm，下部最大叶长50～60 cm。

叶色绿，叶片厚度适中，部分烟株现蕾乃至开花，底叶轻度落黄，不早衰。群体整齐一致，行间似交非交，株间叶尖交错。基本无病虫害和缺素症。

3. 成熟期

打顶后15～20天平顶。打顶株高90～120 cm，单株留有效叶18～22片，顶叶长达50～60 cm，下部叶长55～65 cm，中部叶长65～75 cm。

烟株近筒形或微腰鼓形，烟叶自下而上分层落黄，正常成熟，不底烘，不贪青。

群体结构合理，打顶后株高一致，分层落黄一致，行内株间叶尖似交非交，行与行间中部叶尖间距10～15 cm，通风透光好，基本无病虫害，烟田无花、无杈。

二、查苗补苗

移栽后3～5天，及时检查苗情，将死苗、过分弱小的烟苗和受地下害虫侵害的烟苗拔除，用同一品种的大苗、壮苗补栽。补栽时可施少量速效氮肥，浇足水，窝内放毒饵，以防害虫危害。

三、防治地下害虫

若地下害虫危害偏重，可用90%敌百虫可溶性粉剂500～800倍液，或40%乙酰甲胺磷乳油500～1 000倍液，或50%S–氰戊菊酯乳油1 000～2 500倍液，或40%辛硫磷乳油1 000～1 500倍液浇灌烟株或喷雾防治。

四、中耕除草

在地膜覆盖栽培方式下，中耕主要指行间（即垄底）中耕。还苗期中耕宜浅，以保墒、除草为主要目的，深度以2～5 cm为宜。伸根期中耕宜深，以保墒、促根、除草为主要目的，深度可达10～14 cm。伸根后期，可结合揭膜培土进行。

烟株团棵以后，气温较高，雨水较大，烟株也较大，操作不便，不宜深中耕。可根据田间实际情况进行1～2次的行间浅锄，以清除杂草、解除土壤板结为主要目的，深度不宜超过5 cm。

中耕应在烟株旺长以前进行，要求栽后锄、有草锄、雨后锄、浇后锄。

五、追肥

移栽后15～20天烟苗出现生长明显不整齐时，对弱苗偏施肥水，促其快长，使全田烟株团棵时生长整齐一致。

栽后25天内，对保肥性能差的地块追施硝酸钾，穴施于烟株两侧10～15 cm处，深度10～15 cm。

根据烟株的长势、长相及土壤地力，可适当喷施叶面肥，如绿芬威、磷酸二氢钾等。叶面肥在阴天或晴天傍晚喷施，应重点喷施在叶片的背面和嫩叶上，以提高叶面肥的吸收速度和利用率。

六、灌溉与排水

1. 烟田灌溉

（1）烟田灌溉依据

从感观角度判定烟田是否需要灌溉的依据主要有两种。

看地：垄底土壤6 cm以上干燥，早晨地面不回潮，或地膜下面较为干燥，水滴较少，即应灌溉。

看烟：当烟株叶片白天萎蔫，傍晚不能恢复，到夜间才能恢复时，应及时灌溉；或者叶片在上午11:00以前萎蔫，也应及时灌溉。中午萎蔫，下午能恢复的，可暂不灌溉。

（2）灌溉水质要求

为防止烟叶中氯离子超标，烟田灌溉宜用地表水，如沟渠、河流、水库等处的水，最好不用地下水，尤其是深水机井等处的水。

为提高烟叶安全性和避免灌溉传染烟草病害，灌溉用水要求洁净、无化学污染和无烟草病原物污染。

（3）灌溉技术要求

①灌溉标准

为满足烤烟不同生育期的需水要求，烟田灌溉应做到以下几点。

足浇移栽水：每株0.5～1.0 kg。

少浇伸根水：栽后25天内尽量不浇水，但在团棵以前，若雨水少应及时补充烟株水分，做到以水调肥，促进根系下扎。揭膜培土之后，也应及时浇水。

重浇旺长水：旺长期是烤烟产量和质量形成的关键时期，如遇干旱，应及时灌溉，浇透水。水分过多，对烤烟生长和产质也不利，如田间存有积水，应及时排水。

轻浇成熟水：当土壤水分不足时，应小水轻灌；如果土壤水分过多，应及时排水。

保水能力较差的沙质土壤适当多浇水，保水能力较强的黏性土壤应少浇。

②灌溉时间

切忌中午高温时间灌水，炎热天气宜在上午10:00前或下午5:00后浇水。

③灌溉方法

沟灌：适宜于水源充足的地区。团棵末期和成熟期隔沟轻灌水，旺长期满沟多灌水。

喷灌：若采用移动式喷灌系统，喷灌强度以水能渗下，不产生径流、不破坏土壤团粒结构为宜，水滴大小适宜。

穴灌：适宜于水源不足或运输不便的山冈丘陵区。利用自动化灌溉设备每穴灌水1～2 kg，在烟草生育前期可结合追肥进行。

④灌溉次数

一般情况下，烟田灌溉次数不宜超过3次。

2. 烟田排水

烤烟在整个生育过程中，需要充足的水分，但水分过多也不利于烟叶生长。因此应特别注意烟田防涝排水问题，尤其是烤烟生长后期。

平原烟田要在整地时做好土地平整工作，合理设置排水系统，挖好排水沟，烟垄培好土。坡地烟田应注意水土流失问题，要在烟田上方挖截水沟或筑田埂，把水引走。降雨后应及时排除多余的积水。

七、揭膜培土

1. 时间

当最高气温稳定在30℃以上时需要揭膜培土。结合烟株长相、水浇条件和天气预报等因素，合理确定揭膜培土时间，以团棵期为宜，揭膜时间不宜过晚。

2. 方法与要求

（1）有条件的烟田在揭膜前如土壤墒情较差，近期又无大的降雨过程，一定要先浇足水，解决好揭膜后抗旱力下降的问题。无水浇条件的烟田，应根据气象预报，在降雨之前，抓紧揭膜培土。

（2）揭膜前首先打掉底部无烘烤价值的底脚叶，待伤口干结愈合后再进行揭膜培土。培土前将垄体和垄底的杂草全部清除干净，培土应细、严，培土高度7～10 cm。

（3）摘除底脚叶时，遵循先健株后病株的原则。

（4）揭膜干净彻底，被土壤压实的地膜边缘部分也应清除干净。

（5）随揭膜随培土，防止垄体失水过多。杜绝只揭膜不培土或培土不规范的现象。

（6）培土时应减少对根茎的伤害，以免病原物从伤口侵入。

（7）对揭膜培土过程中清理下的底脚叶、杂草、废膜应及时带出田间，妥善处理。

3. 以下几种情况不适宜揭膜

（1）连续阴雨天气时不宜揭膜。

（2）在雨水较大年份内涝较重的地块不宜揭膜。

（3）在干旱较重年份而又无水浇条件时可不揭膜。

（4）若烟株营养过剩，出现贪青晚熟，亦可不揭膜。

八、打顶抑芽

1. 打顶

（1）打顶原则

根据烟株长势、烟田肥力、品种特性、气候条件等因素，确定合理的打顶时间和打顶标准，做到适时晚打顶、适当多留叶。烟株平顶后上部烟叶充分发育，顶叶长55 cm左右，烟株近筒形或微腰鼓形。防止顶叶过长、过大，造成盖顶。

（2）打顶时间

大多数烟株生长正常的烟田在开花盛期打顶。对烟株长势过旺的烟田适当推迟打顶时间，在开花盛期之后进行。对烟株长势稍差的烟田适当提前打顶时间，在现蕾期进行。

（3）打顶标准

打顶时将整个花序连同2～3片小于15 cm的小叶（也称花叶）一同摘去。所留最顶叶上方保留烟茎2 cm。

生长正常的烟田，单株留有效叶20～22片；长势过旺的烟田，单株留有效叶22～24片；长势稍差的烟田，单株留有效叶18～20片。

打顶后全区烟株基本呈小平顶。

（4）打顶方法

生长整齐一致的烟田一次性全部打顶。生长不齐的烟田分两次打顶，第1次于全区50%左右烟株达到打顶期时进行，第2次于75%左右烟株（含已打顶的植株）达到打顶期时进行，第2次全部打完。两次打顶间隔最多不超过7天，以保证顶叶成熟一致。

打顶宜在晴天上午进行。先打无病烟株再打有病烟株。打下的花芽、花梗等应及时清理出烟田。

2. 抑芽

抑芽有人工抹杈和化学抑芽两种方法。当前主要推广应用化学抑芽。

（1）人工抹杈

人工抹杈应做到早抹、勤抹，4～6天抹1次。抹杈时不留断茬，不能损坏烟叶。

（2）化学抑芽

30.2%芽敌水剂：打顶后待顶叶长度达到20 cm以上时施用。将30.2%芽敌水剂兑水50倍混匀，采用喷雾方法，将药液均匀喷施到烟株中部以上的叶面，药液施用量375～450 kg/hm²。芽敌属内吸性抑芽剂，高温干旱条件下施用抑芽效果相对较差。

36%止芽素乳油：在打顶后24小时内施用。36%止芽素乳油兑水80～100倍混匀，采用笔涂、杯淋或低压喷淋方法施药，以每个腋芽接触到药液为原则。

注意事项：化学抑芽用药前先将大于2 cm的烟杈抹掉，用药后出现的卷曲腋芽不应人工摘除，以免再长新腋芽。使用化学抑芽避免在雨后、露水未干时用药，止芽素用药2小时内、芽敌用药6小时内降雨会降低抑芽效果。最好在傍晚或清晨施药，尽量避免在中午用药。

3. 早花烟田管理技术

早花是指烟株在某些特殊条件下，未达到该品种的遗传性所决定的高度和叶数而提前现蕾开花的现象。早花烟田烟株有效叶数相对偏少，影响烤烟的产量和质量，主要通过打顶接杈进行补救。

（1）打顶原则

本着宁早勿晚的原则，及时打顶，不能贻误接杈时机。本着宁重勿轻的原则，深打顶，保证杈烟有较强的生长势，长出更多的有效叶。

（2）打顶时间

当烟田有30%以上的烟株发生早花时，应及时打顶接杈。

（3）打顶接杈方法

①早花严重，主茎烟收烤价值极小的烟株，应放弃主茎烟生产，改为杈烟栽培。方法是及早削去主茎，留2～3片底叶，促进腋芽生长，选留生长健壮的腋芽一个，其余抹去。

②早花程度较轻的烟株，采用主茎烟与杈烟相结合的方法。深打顶之后，在顶叶向下第2～3片叶腋处，选取一个无病壮芽作为接杈烟芽，其余抹去。

③如一块烟田中只有少数烟株未早花，则在对大部分早花烟株打顶接杈的同时，也应对这少数未早花的烟株进行打顶接杈，确保大田烟株生长整齐一致。

④如一块烟田只有少数烟株早花，则只对早花烟株进行打顶接杈。

⑤对于有16片以上有效叶的早花烟田，可不接秆，按正常烟田管理，开花盛期打顶。

（4）配套技术

早花处理应注重防治病毒病的发生。打顶前喷1次防病毒药剂，打顶伤口干后，也应连续喷2～3次。

早花烟田应保证充足的营养供应。对于底肥较足的早花烟田，追施37.5～45 kg/hm²的硝酸钾（灌根）；对于底肥中等的烟田，追施75 kg/hm²的硝酸钾（灌根）；对于底肥较差的烟田，追施112.5 kg/hm²的硝酸钾（灌根）。无论哪种肥力烟田，烟芽长出后及时喷施2～3次叶面肥。

九、雹灾烟田管理

1. 分类

根据受灾烟田冰雹发生轻重可分为轻度发生、中度发生和重度发生三类。

轻度发生：烟株茎秆及心叶不受损伤，叶片主脉完整，1/3叶片的支脉受到损伤，仅有少数破洞，产量产值损失在20%以内。

中度发生：烟株茎秆及心叶受损较轻，1/2左右的叶片支脉受到损伤，产量、产值损失在20%～70%之间。

重度发生：烟株茎秆及心叶受损严重，2/3以上叶片的支脉受损，产量、产值损失在70%以上。

2. 管理措施

轻度发生的烟田：待天晴后，及时清除底脚叶，搞好田间卫生，喷施一遍代森锰锌和病毒抑制剂，防止病菌侵染，并加强田间管理，使其继续健壮生长。

中度发生的烟田：一是及时清理田间病残叶，搞好田间卫生，喷施代森锰锌和病毒抑制剂，防止病菌侵染；二是加强田间管理，中耕培土，提高地温，促根发育，促使中上部叶及心叶发育。

重度发生的烟田：一是及时清理田间病残叶，搞好田间卫生，喷施代森锰锌和病毒抑制剂，防止病菌侵染；二是烤烟团棵至旺长期发生雹灾的，应及时打顶接秆，并加强田间管理，中耕培土；三是加强肥水管理，根据受灾程度，每公顷追施45～75 kg硝酸钾（可将硝酸钾用水溶化，离烟株15 cm浇灌），"接秆"烟株适当增施"偏心肥"；四是烤烟成熟期发生雹灾的，对有烘烤价值的烟叶，应

抓紧采烤，减少损失。

第六节　烤烟缺素症防治技术

一、缺素症的主要特征

初期表现为叶片褪绿、黄化、植株矮小、生长缓慢，严重缺乏时，叶片表面出现枯死斑点、斑块或烧焦状，叶片畸形，甚至枯死。缺素症在田间成片发生，分布比较均匀，无传染性。

二、缺素症状及防治措施

1. 缺氮

症状：缺氮时首先表现为下部老叶片非正常的绿色减退，呈浅绿色或黄色，而后逐渐干枯脱落，症状从下向上扩展，烟株生长缓慢，植株矮小，叶片小而薄。

防治措施：根据测土结果，适量增施氮肥，同时，相应配施适量的磷、钾肥，均衡供应烟株养分。氮素缺乏时，每公顷可用45～75 kg硝酸铵或硝酸钾浇施，烟株生长中后期也可叶面喷施1%尿素或0.1%绿芬威2号等叶面肥。

2. 缺磷

症状：缺磷可使烟株生长缓慢，株型矮小瘦弱，根系发育不良，叶片较狭窄而直立。轻度缺磷时，烟叶呈暗绿色，缺乏光泽，单位叶面积叶绿素密度相对提高。严重缺磷时，烟株茎基部的老叶开始出现斑点，干枯后变成褐色至黑褐色，易与野火病、赤星病及其他生理性斑点混淆。缺磷症首先出现在老叶上，逐渐向上部发展。

防治措施：合理施肥，对缺磷烟田重点补充磷肥，$N:P_2O_5=1:2～3$。烟草中后期缺磷时，可用0.2%～0.5%的磷酸二氢钾溶液叶面喷施1～2次。

3. 缺钾

症状：烟株生长早期不易观察到缺钾症状，即处于潜在性缺钾阶段，此时表现出烟株生长缓慢，植株矮小、瘦弱。缺钾症状通常在烟株生长的中后期表现出来，严重缺钾时首先在烟株下部老叶上呈现叶色暗绿无光泽，最显著的症状是沿烟叶边缘或叶尖出现淡绿或杂色的斑点，进而呈棕褐色或烧焦状。严重时杂色连成一片，且组织死亡，叶边缘及叶尖破碎。由于叶尖、叶缘先停止生长而叶肉组织仍继续生长，所以就出现了叶尖向下勾，叶缘下卷，叶面凹凸不平的症状。同时，发病烟株的根系发育不良，根毛及细根生长较差。当烟株生长快速时，在烟株中上部也会出现缺钾症状。

防治措施：充足供应钾肥，适施氮肥，增施磷肥；采用合理的施用方法，施钾肥时适当深施，在沙质土壤上，钾肥不宜全部一次施用作基肥，而应加大追肥的比例，分次施用，以减少钾的淋失；缺钾症状初期，可用0.2%～0.5%的磷酸二氢钾溶液在叶背面喷施2～3次，当田间烟株表现严重缺钾时，可用2%的磷酸二氢钾或2.5%的硫酸钾溶液叶面喷施2～3次，时间间隔3～5天。

4. 缺锌

症状：缺锌症状发生在生长初期，常表现为植株矮小，节间缩短，顶叶簇生，叶面皱褶，叶片扩展受阻，变小，畸形，新叶脉间褪绿呈现失绿条纹或花白叶，并有黄斑出现。严重缺锌，烟株的下部叶片脉间，开始小面积呈水渍状，有时边缘有晕圈，随后迅速扩大联合成大而不规则的枯褐斑，而后枯斑逐渐扩大，同时组织坏死。

防治措施：烟田缺锌时，可用0.1%～0.2%的硫酸锌溶液灌根，每次用量750 kg/hm^2，每隔7天灌1次，连续2～3次。若应急矫正，以0.1%～0.2%的硫酸锌溶液叶面喷施为宜，每隔7天喷1次，连续2～3次；由于磷肥对锌离子有拮抗作用，所以不应盲目多施用磷肥，以防磷锌间的拮抗作用而诱发缺锌。

5. 缺硼

症状：缺硼烟株矮小、瘦弱，生长迟缓或停止，生长点坏死，停止向上生长。顶部的幼叶淡绿色，茎部呈灰白，继后幼叶茎部组织发生溃烂。若这些叶片继续生长，则卷曲畸形，叶片肥厚、粗糙，柔软性变差，其主脉或支脉易折断，它们的维管束组织即变成深暗色。同时，主根及侧根的伸长受抑制，甚至停止生长，使根系呈粗丛枝状、黄棕色，最后甚至枯萎。

防治措施：对缺硼土壤，可选用硼砂、硼酸基施，一般用量为7.5～15 kg/hm^2，也可喷施，浓度为0.1%～0.2%，连续2～3次。硼砂溶解慢，喷施时应先用热水促溶后再对足量水施用。由于烟草需硼量适宜范围狭窄，极易过量，所以用量宜严格控制。土壤干燥是促进缺硼的因素，遇长期干旱应及时灌水。

6. 缺镁

症状：缺镁症状通常在烟株长得较高大，特别在旺长至打顶后，烟株生长速度较为迅速时才会表现出来，且在沙质土壤或大雨后较易发生。缺镁时在烟株的最下部叶片的尖端和边缘处以及叶脉间失去正常绿色，其色度可由淡绿色至近乎白色，随后向叶基部及中央扩展，但叶脉仍保持其正常的绿色。即使在极端缺镁的情况下，当下部叶片已几乎变为白色时，叶片也很少干枯或形成坏死的斑点。

防治措施：烟草是需镁较多的植物，在交换性镁含量少的土壤，应及时补充镁肥，一般以硫酸镁好，用15～18 kg/hm^{2}作基肥施。若应急矫正，以叶面喷施为宜，浓度0.1%～0.2%，连续2～3次。由于铵根离子对镁离子有拮抗作用，当大量施用铵态氮肥时，可能诱发缺镁。因此在缺镁的土壤上最好控制铵态氮肥的施用，而应配合施用硝态氮肥。

第六章　现代烟草烘烤技术

第一节　现代烤烟烘烤技术研究

烤烟的烘烤调制是烤烟生产过程中的重要环节，烘烤结果的优劣直接关系到烟叶的品质和烟农的收益。烤房作为烤烟的烘烤场所，能把在田间所形成的具有潜在质量和风格特色的烟叶品质固定下来，在烤烟烘烤过程中起重要作用，对烟叶的品质有一定的影响。烟叶烘烤是环境温湿度、气体组分、酶、微生物及烟叶内在组分共同作用的复杂的生理生化反应过程，不同烘烤条件对烤烟烘烤质量产生重要影响。

一、烘烤工艺技术研究

国内外的烘烤工艺研究较多，并形成了适合各国生产发展的烘烤工艺基本模式。美国和巴西的烘烤工艺都属于"低温变黄工艺"，只是变黄期湿球温度上稍有差别。基本过程分为3个阶段，变黄阶段：装烟后10～12小时不点火，保持室温，点火后，以每小时1.1℃的升温速率升温到干球温度37～38℃，或者装烟后随时点火升温至37～38℃，湿球温度36～37℃（巴西湿球温度为33～35℃），直到烟叶变黄为止；干叶阶段：当烟叶正常变黄并充分失水以后，以每小时1.1℃的升温速率升温到干球温度54～55℃，湿球温度40～41℃，直到叶片干燥。干筋阶段：以每小时1.1℃的升温速率升温到干球温度71～74℃，湿球温度不超过43℃，直到烟筋全干。

与美国相似，日本也采用阶梯升温方式。但由于鲜烟素质不同，在变黄、定色、干筋期的温、湿度都有一些差异。日本变黄期温度较高，干球温度40～43℃，湿球温度36～38℃；定色期干球温度为43～55℃，湿球温度37～38℃；干筋期温度较低，干球温度为55～68℃，湿球温度43～45℃。日本为了降低干筋期最高温度及缩短烟叶在高温条件下的烘烤时间，减少香气物

质挥发，在干筋期设置了几个小阶梯。津巴布韦的烘烤工艺变黄期干球温度为34~38℃，湿球温度32~34℃，使烟叶基本全黄，并且充分发软塌架；定色期干球温度为41~49℃，湿球温度34~35℃，使烟叶的叶片全干；干筋期干球温度为49~71℃，湿球温度35~37℃，直到烟筋干燥。

津巴布韦烘烤工艺因采收成熟度很高，所以整个烘烤过程湿度较低。随着我国烟叶生产水平的不断发展，我国烟叶烘烤工艺向着更简化、利于掌握和提高烟叶质量的方向发展，呈现出许多烘烤工艺模式。

20世纪80年代以前，我国烤烟生产高度追求产量，栽培上是大群体、多留叶，烟叶营养不良，发育不全，干物质积累少，水分含量高。针对这类烟叶，形成了"先拿水，后拿色"和"高温快烤"的传统烘烤工艺，烟叶主要采用40℃以上高温变黄，烘烤时间短。烘烤阶段既多又细，整个过程为一个平滑上升的曲线。变黄期分为前期、中期和后期，变黄前期干球温度为37~40℃，湿球温度为36~38℃，使烟叶发汗变软，变黄1~2成；变黄中期干球温度为40~42℃，湿球温度为38~39℃，使烟叶变黄5~6成，叶片变软，整个叶片勾尖卷边；变黄后期干球温度为42~45℃，湿球温度为38~39℃，使烟叶变黄7~8成，并软打筒。定色期分为定色前期、中期、后期，定色前期干球温度为45~50℃，湿球温度为38~39℃，使烟叶达到黄片青筋，小卷筒；定色中期干球温度为50~55℃，湿球温度为38~39℃，使烟叶全黄大卷筒；定色后期干球温度为55~60℃，湿球温度为40℃，全部烟叶大卷筒。干筋期干球温度为75~80℃，湿球温度为40~43℃，烟叶全部干燥。

根据我国烟叶生产的现状，河南农业科学院烟草研究所在总结国内传统工艺的基础上，提出了多阶梯烘烤模式。整个烘烤过程划分较细，呈多段阶梯状。其烘烤总体策略为烟叶边变黄、边升温、边排湿、边干燥。烟叶变黄快时，就快升温、快排湿、快干燥；反之就慢升温、慢排湿、慢干燥。具体分为7个阶段，变黄期分为前期、中期和后期，变黄前期干球温度为36~38℃，湿球温度为34~36℃，使烟叶变黄6成，凋萎塌架；变黄中期干球温度为40~42℃，湿球温度为38℃，使烟叶变黄8成，主脉发软；变黄后期干球温度为42~45℃，湿球温度为38℃，使烟叶黄片青筋，勾尖卷边。定色期分为定色前期、后期，定色前期干球温度为45~50℃，湿球温度为38℃，使烟叶达到黄片黄筋，小卷筒；定色后期干球温度为50~55℃，湿球温度为38℃，使全部烟叶大卷筒。干筋前期干球温度为56~60℃，湿球温度为38~40℃，烟筋半干；干筋后期干球温度为

68～70℃，湿球温度为42～43℃，烟筋全干。

20世纪80年代后期，由于鲜烟素质提高，河南省农业科学院烟草研究所继承传统工艺的精华，借鉴国外低温变黄的烘烤工艺技术，研制出五阶梯烘烤模式。第一阶梯底棚烟叶变黄期，干球温度为32～38℃，湿球温度为30～36℃，使底棚烟叶变黄8成左右，主脉变软；第二阶梯二棚烟叶变黄期，干球温度为40～42℃，湿球温度为38℃，使底棚烟叶全黄，勾尖卷边；第三阶梯为过渡期，干球温度为44～48℃，湿球温度为38℃，使全部烟叶黄片黄筋；第四阶梯为干片期，干球温度为52～55℃，湿球温度为38～39℃，使全部烟叶大卷筒；第五阶梯为干筋期，干球温度为67～69℃，湿球温度为42～43℃，全部烟叶干燥。

1987年张崇范对烘烤技术进行了改革探讨，提出了双低烘烤模式。共分为五个阶段：第一阶段干球温度为33～35℃，湿球温度为31～31.5℃，烘烤时间为18～24小时，使底棚烟叶叶尖变黄5 cm以上；第二阶段干球温度为37～39℃，湿球温度为31～32℃，使底棚烟叶基本变黄；第三阶段干球温度为41～42℃，湿球温度为33～34℃，使顶棚烟叶基本变黄；第四阶段干球温度为44～45℃，湿球温度为34～35℃，使底棚烟叶1/2～2/3叶片干燥；第五阶段干球温度为48～50℃，干湿球温差大于14℃，使顶棚烟叶达到干片；第六阶段干球温度为60～68℃，干湿球温差大于20℃，使全部烟叶主脉全干。认为烟叶变黄的临界相对湿度不是75%，在相对湿度低至55%时，烟叶仍可继续变黄；高温低湿变黄速度最快，低温低湿变黄速度居第二位，而目前我国烟叶变黄是在较高的湿度下进行的。为此，提出了以低温低湿为核心的新烘烤法。

目前我国主要应用的三段式烘烤工艺，属于典型的"低温慢变黄慢定色"的烘烤工艺，它是在引进美国、巴西等国烘烤工艺的基础上，经过反复试验，消化、吸收、改进形成的简化烘烤工艺模式。强调烟叶在38℃以下充分变黄，适用于烘烤规范化栽培条件下营养充分、发育完善、充分成熟的烟叶。烘烤过程分为变黄期、定色期和干筋期。变黄期干球温度为37～38℃，湿球温度为36～37℃，使底棚烟叶变黄8成左右，主脉变软；定色期干球温度为54～55℃，湿球温度为38～40℃，使全炕烟叶大卷筒；干筋期干球温度为68℃，湿球温度为40～43℃，使全炕烟叶主脉干燥。三段式烘烤技术的核心是通过对烘烤环境温度、湿度、时间的调控，实现对烟叶水分动态和物质转化的协调，将优良素质烟叶的潜在质量进行充分而完善的转化，达到最终将烟叶烤黄、烤干、烤香的目的，这也是烟叶

烘烤的根本。因此三段式烘烤工艺代表了我国烟叶烘烤技术现代化水平和发展方向。

二、烘烤条件对烟叶香气成分的影响

宫长荣等研究了调制过程中烟叶香气成分的变化。结果表明，采用低温变黄慢定色烘烤，大多数香气成分均高于高温变黄快定色烘烤。低温变黄慢定色烘烤时，干筋期烟叶中分子量较大的香气成分含量较高，高温变黄快定色烘烤烟叶中小分子香气成分较高，表明高温变黄烟叶内高分子有机物质转化快，定色期快升温，烟叶内生化变化过早被抑制，使小分子物质积累。而且低温变黄慢定色所调制的烟叶中有12种重要香气成分的含量较高，说明低温变黄慢定色有利于提高烟叶香气成分。

和田等研究证明，烤烟在于片定色末期，温度升至50℃时，烟叶才出现烤烟特有的香气，而糖与氨基酸类缩合物恰好在50～55℃下大量合成。美国学者认为，38℃变黄最适宜。日本学者对于筋温度及升温方法与香气的关系的研究表明，在50℃干片时，产生香气，但有残余青生味；60℃时，香气变浓，青生味消失；67℃时，香气变淡，且随着时间的推移，香气愈加变淡，15小时后比7小时后，香气明显变淡。他们认为在干筋最高温度下，当持续时间不超过10小时，升温方法对烟叶香气影响不大。

王凌等对不同烘烤处理条件下致香物质积累进行研究。结果表明，变黄期低温、低湿有利于香气前提物质生成积累；低温、低湿与高温、高湿相比，烤后烟叶致香物质种类多，许多重要的香气成分也只有在低温、低湿下才能形成。温度、湿度对中性香气物质的影响比酸性、碱性更为明显。

高玉珍等研究了不同变黄温、湿条件对烟叶致香物质的影响。结果表明，低温中湿变黄处理（干球温度38℃，相对湿度85%～80%）能提高烟叶中性致香物质的含量。苯丙氨酸类、美拉德反应产物类、类胡萝卜类、新植二烯以低温中湿变黄处理最优，中性致香物质的总量也得到提高，其中对烟叶香味品质有重要作用的苯甲醇、苯乙醛、苯乙醇、糠醛、糠醇和2-乙酰基吡咯、β-大马酮、香叶基丙酮、二氢猕猴桃内酯、巨豆三烯酮Ⅱ、巨豆三烯酮Ⅳ、3-氢基-β-二氢大马酮、茄酮的含量均有不同程度的提高。可见低温中湿变黄处理能提高烟叶中性致香物质的含量，有利于改善烟叶的内在品质。

三、烘烤条件对烟叶主要化学成分的影响

烟叶烘烤是环境温湿度、气体组分、酶、微生物及烟叶内在组分共同作用的复杂的生理生化反应过程。烘烤环境对烟叶内在化学成分的影响很大。

董志坚等研究了不同烘烤条件下烤烟叶片中主要化学组成的变化。结果表明，随烘烤时间延长，烟叶内淀粉、蛋白质、不溶性氮、烟碱含量下降，还原糖、总氨基酸和美拉德氨基酸含量上升；低温变黄快速定色条件下，烟叶失水速度较慢，干物质损失量较多，淀粉、蛋白质等降解充分，还原糖、总氨基酸、美拉德氨基酸含量较高，而且变黄温度对烟叶主要化学成分含量的影响效应比定色期升温速度对其影响效应大。

随着烘烤湿度的提高，淀粉降解量、水溶性糖的含量都有增大的趋势。宫长荣等研究表明，在环境湿度较高的阶段，烟叶内淀粉降解速度和降解量最大，65%～70%的相对湿度是淀粉降解的限制值。官长荣等人研究表明，淀粉含量在变黄阶段急剧下降，在36小时、48小时后降解缓慢，淀粉酶活性在烘烤至第36小时左右达到高峰，随后降低。淀粉酶活性高时，淀粉降解快，且淀粉降解同色素降解呈极显著的正相关关系。

李常军等对不同环境湿度烤烘条件下烟叶主要含氮化合物代谢的研究表明，高湿变黄和高湿定色烤后烟叶总氮含量较低，湿度对烤后烟碱含量的影响不明显。高湿利于蛋白质降解，高湿烘烤后烟叶蛋白质含量低于其他处理方式；氨基酸与之相反，高湿烘烤后在烟叶中的含量较高。高湿的烘烤环境有利于硝酸还原酶保持活性，高湿变黄和高湿定色烤后二氧化碳含量较高，而湿度对三氧化二氮含量影响不大。

王能如等就烘烤和变黄后期不同变黄程度对烤后烟叶中游离氨基酸含量的影响进行了研究。结果表明，烘烤能使烟叶中游离氨基酸含量总量大幅度增加，烤后可比烤前增加1.1倍，这种变化主要发生在变黄期，且与变黄后期烟叶变黄程度有关。随着烟叶变黄程度的提高，多数游离氨基酸和游离氨基酸总量明显提高，但丝氨酸和蛋氨酸含量减少，甘氨酸、半胱氨酸和丙氨酸几乎不受影响。

四、温、湿度对烤烟烘烤过程中烘烤质量的影响

温、湿度是烘烤环境的最重要因子，烟叶中的一切生理生化活动都是以水为

介质进行的，烤房内的温、湿度对烟叶水分和温度的影响直接决定着叶组织细胞内生化变化的速度和方向，最终影响烟叶的烘烤质量。

1. 对酶类的影响

烘烤过程中温、湿度的高低在很大程度上决定了烟叶内部各种酶活性的变化。

淀粉酶在烘烤的不同阶段活性有差异。在变黄阶段，淀粉酶在环境温度38℃以下时活性相对较低，α_2-淀粉酶和总淀粉酶的活性在环境温度38~45℃之间随温度升高而增强，45℃以后两种酶活性都开始降低并于烘烤后期又升高。α_2-淀粉酶可耐70℃高温，而α_2-淀粉酶不耐高温。环境湿度对烟叶淀粉酶活性的影响，在烘烤前期，随着烘烤的进行和环境相对湿度的逐渐降低，烟叶内淀粉酶活性上升，在0~36小时，由于温度的升高和环境湿度的降低，淀粉酶活性迅速升高并达到一高峰，随后活性降低，在72小时又开始升高，在烟叶水分含量和环境湿度较低时淀粉酶仍保持较高的活性。当相对湿度低于75%时，淀粉酶活性开始降低，到70%左右时淀粉降解基本停止。这与邱妙文等、王怀珠等、王松峰等的研究结果基本相同，而龚顺禹等研究报道称，烘烤结束时淀粉酶活性较低。

淀粉磷酸化酶活性在烘烤过程中出现2次高峰，分别处于烘烤的变黄中期和定色前期，鲜烟叶中淀粉磷酸化酶活性较高，随着烘烤的进行酶活性有所降低，至36小时又有所升高，随后降低，至60小时达到低谷，随后于72小时左右达第2次高峰，至烘烤结束时活性迅速降低。李洪勋等的研究结果与此不完全一致，淀粉磷酸化酶随着烘烤进程有所降低，随后升高，至24小时时活性达第1次高峰，之后降低，至48小时时出现低谷，也于72小时达第2次高峰。这可能与酶活性的测定方法有关。

蛋白酶在烘烤期间活性呈先上升后下降趋势。高温变黄条件下蛋白酶活性在开始烘烤后快速上升，但失活较快；低温变黄能使蛋白酶活性维持更长时间。李常军等用甲醛滴定法测定蛋白酶活性，结果表明蛋白酶在低湿条件下活性低，高湿烘烤条件下活性较高。

硝酸还原酶和去甲基酶的活性受烘烤环境湿度影响较大，高温或低湿变黄条件都导致硝酸还原酶活性的存活时间缩短，其中变黄期湿度的影响最大。进入定色期之前，硝酸还原酶在多数情况下已经失活。高湿变黄条件下硝酸还原酶活性较高。烘烤温、湿度高时，去甲基酶活性高；温、湿度低时，活性低。

超氧化物歧化酶（SOD）和过氧化物酶（POD）是植物本身消除活性自由

基，防御活性氧伤害的两种重要酶类。宫长荣等研究认为，随着烘烤时间的推进，SOD和POD活性均大幅度下降，直至终止。两种酶活性均以高温快烤、快速升温定色下降速度最快，终止最早；高温慢烤次之；低温快烤再次之；低温慢烤酶活性下降最慢，持续时间最长。高温变黄酶活性下降最快，低温变黄酶活性下降最慢；快速升温定色酶活性持续时间短，慢速升温定色酶活性持续时间长。

抗坏血酸过氧化物酶（APX）和谷胱甘肽还原酶（GR）的活性随水分不断散失，在0～24小时期间缓慢下降，24～48小时期间，在相对较低温度下适当延长变黄时间，其APX和GR活性高峰出现较晚且其峰期持续时间长。

酯氧合酶（LOX）是类胡萝卜素和C_{18}不饱和脂肪酸降解的关键酶。有研究表明，烟叶LOX活性在烘烤0～24小时期间缓慢上升，在24～48小时期间急剧上升并达到高峰，而后开始下降直至完全消失。低湿条件下变化幅度大，高峰来的早且峰值较高；高湿条件下变化幅度小，高峰来的迟且峰值较低。

多酚氧化酶（PPO）是酶促棕色化反应的重要因素。据韩富根等研究，在环境温度40℃以下时活性较高且相当稳定，当温度达到55℃以上时，就会被钝化。在变黄和定色阶段，随温度的上升，热稳定性逐渐降低。45～47℃时，烟叶失水量小于50%，空气相对湿度较高，酶活性强，会出现一个或高或低的上升高峰，当温度达到47～49℃，烟叶失水量超过50%，环境湿度相对较低时，多酚氧化酶活性很微弱。

2. 对烟叶内在物质的降解和转化的影响

随着烘烤湿度的提高，淀粉降解量、水溶性糖的含量都有增大的趋势。环境湿度快速降低，淀粉降解较快，但到后期淀粉降解停滞的也早；湿度慢速降低时，烟叶内淀粉降解较慢，降解持续时间较长，当湿度降到70%以下时淀粉含量趋于稳定。王怀珠等研究了不同烘烤温、湿度淀粉的降解，结果表明，淀粉的降解集中在烘烤的变黄期，进入定色前期淀粉降解缓慢，定色后期至烘烤结束时，淀粉降解甚微。低温、低湿变黄，慢速升温定色的烟叶中淀粉降解量、降解速率均较高，烤后烟叶淀粉含量较低，水溶性总糖、还原糖含量较高。烘烤过程中淀粉和可溶性糖含量呈明显消长关系。

含氮化合物对烘烤环境温、湿度比较敏感。李长军等研究表明，高温变黄蛋白质降解缓慢，低温变黄较快，而低温拉长变黄时间能使蛋白质降解更彻底。高湿有利于蛋白质降解，低湿处理蛋白质降解较少，变黄期环境湿度对蛋白质降解的影响较之定色期大。烤后烟叶蛋白质含量：高温变黄>低温变黄>低温拉长变

黄，且差异显著。氨基酸含量在变黄期和定色期快速上升，其中尤以定色期氨基酸积累速度较快，高湿变黄和高温定色烘烤条件下烤后烟叶氨基酸含量较高。烤后烟叶氨基酸含量：低温拉长变黄＞低温变黄＞高温变黄。NO_2^- 和 NO_3^- 的含量与硝酸还原酶的活性成正相关，低温或高湿变黄、高湿定色等条件，均有利于 NO_2^- 和 NO_3^- 的快速积累，烤后生成量较多。而 NO_2^- 和 NO_3^- 是TSNAs的前体物质，在 NO_2^- 和 NO_3^- 转化为TSNAs的非酶催化过程中，NO_2^- 和 NO_3^- 的积累与TSNAs含量呈显著正相关关系。宫长荣等研究认为，变黄阶段湿度大（干湿球温度差小），总氮和烟碱有略低的倾向；高温下变黄，总氮和蛋白质略高，烟碱有略低倾向。

定色阶段湿度大小对总氮影响不大，但低湿度条件下烟叶总氮、蛋白质和烟碱含量均略高。低温干筋烟碱稍高，而总氮偏低。张保全等研究了烤烟不同变黄温、湿度条件下烟碱、去甲基烟碱含量的动态变化。结果表明，高温变黄，烤后烟碱含量低于烤前；低温变黄，烤后烟碱含量高于烤前。湿度对烟碱含量影响无明显的规律性。去甲基烟碱含量烤后较烤前增加，而且变黄期高温、高湿均有利于去甲基烟碱的形成和积累。

酚类物质在烟叶调制期间直接决定烟叶的颜色。官长荣等采用三段式烘烤工艺进行烘烤，总酚含量在0～24小时缓慢上升，之后缓慢下降，至72小时达最低值，72小时后急剧上升至烘烤结束。绿原酸含量在烘烤过程中变化规律与总酚相似，呈极显著正相关。芸香苷含量总体上呈逐渐增加的趋势，酚类物质的变化与PPO密切相关。

色素的降解量与烘烤期间脂肪氧合酶（LOX）的活性呈显著相关。叶绿素在脂肪氧合酶（LOX）作用下氧化成新植二烯。低温、低湿并拉长变黄时间，类胡萝卜素降解的多，降解产物含量高，不利于类胡萝卜素的积累。在烘烤过程中，叶绿素和类胡萝卜素的含量变化与水分含量呈极显著正相关，与总糖和还原糖含量呈极显著负相关。

有机酸类在烟叶调制过程中的含量变化比较复杂。左天觉认为烘烤过程中烟叶的高级脂肪酸含量减少，而且最显著的变化发生在烟叶烘烤的变黄阶段，降低程度约与脂肪酸的不饱和度成正比。宫长荣等研究表明，烤烟叶片在调制过程中的月桂酸、油酸和亚油酸含量大幅度增加，而豆蔻酸、棕榈酸和亚麻酸含量显著减少。烟叶在较低的温度条件下实现变黄，然后再以较慢的速度升温排湿达到脱水干燥，烤后烟叶中大部分高级脂肪酸的含量较高。低级脂肪酸（甲酸、乙酸、异戊酸）含量在烘烤的0～48小时逐渐升高，48小时达到高峰，而后下降，72小时后趋于稳定。丙酸、异丁酸、戊酸含量一直上升，且在变黄开始的48小时内上升的快，72小时后趋于稳定。

五、外加酶和微生物对烤烟烘烤过程中烘烤质量的影响

生物技术尤其是酶解和微生物在烟草上的应用研究已渐成为烟草科技人员关注的热点课题。王怀珠等研究了烘烤过程中外加淀粉类酶对淀粉降解的影响。结果表明，烘烤过程中，通过外加淀粉类酶来降解烤烟中的淀粉是有效的。烘烤变黄初期，不同外加淀粉类酶烟叶淀粉降解动态基本一致。变黄后期至定色前期，淀粉降解随外加酶量增加而加剧。烤后烟叶淀粉含量随外加酶量增加而减少，水溶性糖和还原糖含量随外加酶量增加而增加。牛燕丽等采用外加淀粉酶和糖化酶的办法进行试验，结果发现，酶处理后烟叶的淀粉含量均有所降低。

微生物在烟草烘烤阶段对烟叶中烟碱含量有一定的影响。李梅云等用微生物菌株培养液喷洒烤烟，烘烤结束后发现供试菌株对烟叶化学成分和评吸品质均有一定的影响。各菌株对烤烟的烟碱含量影响显著，而且处理后香气量有所提高，香气质有改善，劲头明显下降，刺激性明显减弱，杂气明显减轻，余味好于对照。

微生物在TSNAs的形成中起着重要作用，在烘烤过程中改变微生物活性和数量，也必然会影响TSNAs的累积。有研究认为，在变黄期微生物系统的群集增加，并且增加的微生物与增加的亚硝酸盐一起促进了TSNAs的生成。另外，烘烤前用利福平、链霉素等药物处理过的叶片，表面的微生物群数减少，烘烤后TSNAs含量降低。

六、微波和气体组分对烤烟烘烤过程中烘烤质量的影响

微波技术可以降低TSNAs的含量，不影响烟草的香气和吸味，且能保证正常的烟碱含量。试验证明，用微波辐射调制的烟叶与用其他方法调制的烟叶相比，至少有一种TSNAs的含量有所降低。较理想的结果是，经微波处理的烟叶TSNAs含量低于$0.2\ \mu g/g$，甚至低于$0.1\ \mu g/g$。宫长荣等研究了烤烟调制初期及变黄过程中，微波处理对烟草TSNAs、硝酸盐、亚硝酸盐及其他含氮化合物的影响。结果表明，在烤烟调制初期和变黄过程中用频率为2 450 MHz的微波对烟叶进行适当处理均能降低TSNAs的含量。其中以在烟叶完成变黄后进行微波处理90秒最为明显。总体来说，在烟叶变黄后对烟叶进行微波处理效果优于对鲜烟叶进行处理，

然而微波处理对总氮、蛋白质等含氮化合物的影响不很明显。

烟叶烘烤过程中二氧化碳（CO_2）对烟叶变黄也存在着不可忽视的作用。韩锦峰等研究了在烘烤过程中补充一定量的CO_2气体对烟叶的烘烤效应，发现含量在0.9%～1.35%范围内增多时，能加速烟叶失水变黄，提高淀粉酶活性，促进叶绿素降解，抑制棕色化反应，有利于提高烟叶烘烤质量。当CO_2含量达到1.8%以上时，将抑制烟叶变黄，甚至造成CO_2中毒，降低烘烤品质。对鲜烟用臭氧处理，结果可使烤后烟叶的化学成分产生较大变化，其中绿原酸、尼古丁、茄呢醇、新植二烯、C_{18}酸等降低50%左右，明显地减少了烟气中令人不愉快的化学组分前提物。对烤烟质量产生重要影响的糖分，如果糖、蔗糖、$α_2$-葡萄糖、$β_2$-葡萄糖等含量也会随之大幅度下降。经过2天烘烤之后的烟叶用臭氧熏蒸，新植二烯下降49.5%，其他组分减少了10%～20%；对4天烘烤后的烟叶进行臭氧熏蒸处理，所测组分与对照基本相同。

美国一公司1976年就曾做过试验，使用乙烯能使烟叶变黄时间缩短18～24小时，且烤后颜色更加鲜亮。徐增汉等采用烤房内熏蒸法，使乙烯进入烟层，熏蒸4～6小时，乙烯能显著改变烟叶的烘烤特性，使烟叶变黄的速度加快。还有试验证明乙烯在烘烤过程中能显著改善烟叶的烘烤品质。

美国星科公司开发出了一种可以有效防止烘烤后烟叶中形成TSNAs的烟叶调制技术，该专利技术的主要原理是，在烤烟的调制过程中，通过一种特殊的处理（可能是无氧处理），致使产生亚硝胺的大部分细菌死亡，剩下的一部分细菌则通过大型微波炉杀死，从而即可防止或减少烟草制品TSNAs的形成。该技术不会对烟草的口味、色泽以及烟碱含量产生影响。

维生素C是植物抗氧化剂，也是亚硝酸盐抑制剂，喷施维生素C可降低TSNAs的含量。在烘烤前，将切碎的烟丝放入含1%维生素C的水溶液中，使维生素C渗入烟叶，烘烤后结果表明，用维生素C处理过的烟叶中的TSNAs和亚硝酸盐水平要比对照烟叶低很多。

七、烘烤方法对烘烤质量的影响

近年来，国内外对烘烤方法做了有益尝试。徐增汉等研究表明，半晾半烤法能改善烤烟上部叶外观质量，消除烟叶青筋现象，提高烟叶内在质量，尤其是降低淀粉含量，使化学成分趋于平衡。采用半晾半烤法调制的烟叶，可用性有所提高，尤以晾48～60小时后再烘烤的烟叶质量和可用性最好。其他烘烤方法还有远红外烘烤、真空烘烤、缺氧烘烤、太阳能烘烤等，新设备正在研制。

八、新型烘烤模式——去梗烘烤

去梗烘烤是一种新的烘烤模式，具体做法是：在烟叶采收以后通过特殊的设备将叶片主脉抽出，然后用特制的夹持设备放在烤房里进行烘烤。与传统的烘烤方法相比，去梗烘烤省去了编烟工序，省工、节能效果显著，有利于实现工厂化烘烤、专业化服务，具有较好的发展前景。

去梗烘烤将烟叶的主脉抽取后，仅剩一些小的支脉，改变了用烟杆或烟夹编（夹）烟的现状，充分利用烤房空间。另外，去梗后的叶片，在烘烤过程中可以缩短或者跳过干筋阶段，减少烘烤后期的高温持续时间，而烟梗可以直接在较高的温度下进行干燥，按照复烤加工的程序和方法，制作烟草薄片或膨胀烟丝，进入卷烟配方。或者直接从烟梗中提取烟碱、茄尼醇、植物蛋白等，变废为宝。据初步试验结果，去梗烘烤可同比增加50%以上的烘烤能力，缩短1/4左右的烘烤时间，使烘烤能耗降到"斤烟斤煤"以内，节约能源30%以上，烤房的烘烤效率得到大幅提高。

20世纪90年代，美国曾对去梗烘烤进行了初步试验，但直到2007年才又重新开展正式研究。近几年黑龙江烟草公司和河南农业大学也分别开展了去梗烘烤的初步试验，通过深入研究，制定了一系列技术标准，开发了相关的设备，取得多项专利技术。目前去梗烘烤的装烟方法和烘烤等工艺已基本成熟，烟梗的处理和再加工技术也取得突破进展。

由于去梗烘烤和当前烟叶的收购分级制度不吻合，在一定程度上限制了去梗烘烤的推广和发展。然而，去梗烘烤作为一种技术储备，可以和国家烟草专卖局提倡的"原收原调、配方打叶"等紧密结合，还具有省工、节能等优势，具有较好的发展前景。

第二节　烟叶烘烤特性研究

烘烤是烤烟生产中的重要环节，田间收获的鲜烟叶必须经过烘烤才能体现和固定其优良品质，成为商品烟叶。烘烤过程是充分显现、固定和改善烟叶田间所形成的潜在质量的过程，也是决定烟叶最终质量的关键环节。而烟叶烘烤特性与

烟叶烘烤有着极为密切的关系，因此，对烟叶烘烤特性的研究，在国内外一直深受重视。研究烟叶烘烤特性，弄清烟叶烘烤特性的影响因素，探索改善烟叶烘烤特性的途径，对提高烟叶烘烤质量具有十分重要的意义。

一、烟叶烘烤特性

烟叶烘烤特性是烟叶在农艺过程中获得的与烘烤技术和效果密切相关的自身所固有的素质特点，可以分为易烤性和耐烤性两个方面。

易烤性反映烟叶在烘烤过程中变黄、脱水的难易程度。较易变黄、较易脱水的烟叶被描述为易烤，反之则不易烤。耐烤性主要是指烟叶在定色期间对烘烤环境变化的敏感性或耐受性。定色期（包括干筋期）对烘烤环境变化不敏感、不易褐变的烟叶被描述为耐烤，否则被描述为不耐烤。烟叶的易烤性和耐烤性是烟叶烘烤性的相互关联又相对独立的两个方面，有的烟叶较为易烤但不一定耐烤，有的烟叶较为耐烤但不一定易烤。通常，把那些既易烤又耐烤的烟叶称为烘烤特性好的烟叶，否则称为烘烤特性差或较差的烟叶。

二、影响烟叶烘烤特性因素

影响烟叶烘烤特性的因素很多，主要有遗传因素、气候因素、土壤类型、栽培管理措施、烟叶部位和成熟度等。而遗传因素被认为是影响烟叶烘烤特性的最重要性状，烟叶烘烤特性受遗传制约，控制烘烤特性基因与某些性状基因存在连锁关系。我国目前推广种植的品种，变黄快的有NC82、RG17、K326、G80、中烟100、云烟85、云烟87、中烟90、中烟98等。翠碧1号、红花大金元等品种容易出现浮青烟与青筋烟。

三、烟叶烘烤特性的判断方法

目前，烟叶田间的长势、长相和成熟表现是判断烘烤特性的根本依据。田间生长发育正常，能适时正常落黄的烟叶，一般烘烤特性都较好。成熟较慢，适熟期较长的烟叶，耐烤性较好，易烤性较差。适熟期较短，成熟较快的烟叶，耐烤性较差，易烤性较好。落黄过快的将意味着易烤和不耐烤，落黄迟缓且点片状先黄的，肯定不易烤也不耐烤。鲜烟叶含水量也是反映烟叶烘烤特性的一个重要方面。

通常，含水量大的烟叶易于变黄，但较难定色。含水量少的烟叶，难以彻底完成变黄，较易定色。烟叶鲜干比值为5.5～8.0时，烘烤特性较好；鲜干比值小于5.5时，难以变黄；鲜干比值大于9.0时，较易变黄，但往往较难定色。在实际生产中，也可根据手感判断烟叶烘烤特性。手握烟叶质地柔软、弹性好、不易破碎的易烘烤，叶质硬脆、弹性差、易破碎的难烘烤。

四、烟叶烘烤特性的研究

烟叶烘烤特性是影响烟叶质量的重要因素，对烟叶烘烤特性的研究，国内外一直十分重视。目前的研究多集中在失水和变黄特性方面，少部分涉及烟叶组织结构和一些生理指标方面。

1. 烟叶失水、变黄规律研究

唐经祥等通过试验考查了NC89、K326、中烟98、云烟87、云烟85、云烟317等6个不同烤烟品种的烘烤特性及对不同营养状况的反映，探讨了反映烘烤特性的一些量化指标，提出了用标准凋萎、变黄、定色、褐化的时间及其比值作为衡量烟叶烘烤特性的指标。

张树堂、杨雪彪等测定了K326、G-28、云烟85、云烟201、云烟202、云烟203、云烟317等品种的烟叶在烘烤过程中的变黄速度、色素含量变化及失水干燥速度。结果表明，红花大金元在烘烤过程中变黄慢，失水快，难以烘烤；云烟85和G-28的烘烤特性相近，变黄稍快，失水适中，较为好烤；云烟317和K326相近，变黄速度居中，失水平缓，较易烘烤；云烟201、云烟202和云烟203的变黄与失水干燥变化相协调，烘烤特性都较好。其中以云烟201成熟稍快，变黄整齐，更容易烘烤。

李雪震等研究表明，易烤性好的烟叶，叶黄素和类胡萝卜素含量较高，易烤性差的叶绿素含量较高。王正刚等研究了NC89、K326充分发育成熟烟叶烘烤过程中失水特性、烘烤失水调控及失水与品质关系。研究表明，烟叶失水干燥特征曲线表现出"近等速—减速—再减速"，通风是影响烟叶失水最主要因素。赵铭钦等研究了自由水和结合水对烟叶生命活动的作用及在烘烤过程中排出的时间和速度。结果表明，烘烤过程前期自由水的散失较快，结合水的散失量较小，48～60小时以后随着环境温度的升高，结合水的散失速度开始加快。整个烘烤过程中，结合水表现为缓慢散失，而自由水的散失速率比结合水要快得多。

聂荣邦、唐建文为弄清烤烟品种K326和翠碧1号的烘烤特性，测定了其烟叶

自由水和结合水含量。结果表明，翠碧1号自由水含量显著低于K326，结合水含量则显著高于K326。烟叶着生部位自下而上，总水分含量和自由水含量渐次降低，而结合水含量渐次升高。烟叶成熟度自欠熟至过熟，总水分、自由水、结合水含量均渐次降低。

2. 生理指标研究

韩锦峰等对烤烟多酚氧化酶特性和烘烤过程中多酚氧化酶活性变化规律进行了初步探讨。鲜烟叶多酚氧化酶活性差异很大，中等肥水条件下正常落黄成熟的鲜烟叶中，多酚氧化酶活性较低。而在高肥水条件下所形成的肥大、水分含量高的烟叶以及非正常落黄的烟叶当中，多酚氧化酶活性往往较高。整个烘烤过程中，多酚氧化酶活性曲线呈现出平滑下降的趋势。但是，若烟叶变黄后失水量小，不凋萎塌架，随着温度的上升，在44～55℃期间多酚氧化酶活性会急剧增强，烟叶变成褐色。

哈斯勒研究发现，烟叶烘烤环境温度低于44℃时，烟叶变褐速度极为缓慢，表现并不明显。当温度升高到57℃，烟叶变褐的速度很快，仅6分钟烟叶即可完全褐化变为棕色。很多试验认为，诱导烟叶棕色化反应发生的外部因素，一是烘烤环境温度，二是相对湿度，两者结合影响烟叶含水量和叶内酶的活性。正常情况下的烟叶，在45～46℃时，环境相对湿度60%以上，烟叶失水量少于50%将导致棕色化反应的发生。但是，即使鲜烟叶水分含量较高，在此温度范围内，只要环境相对湿度在60%以下，烟叶在变黄末期的失水量大于50%，则棕色化反应就不容易发生。

崔国明对K326、红花大金元等云南7个主栽烤烟品种上、中、下3个部位烟叶烘烤过程中过氧化氢酶活性进行了研究。发现过氧化氢酶活性的变化趋势较为相似，呈抛物线形。中部烟叶与上部烟叶、下部烟叶之间的过氧化氢酶活性有极显著差异，不同品种之间差异不显著。

李卫芳等研究了烟叶烘烤过程中呼吸速率和脱水速率变化，表明变黄中后期呈现一个时间长、速率高的呼吸旺盛时期，定色前期呈现第二个呼吸旺盛时期，但时间不长，强度也相对较弱，这两个呼吸高峰的演变除因外界条件的影响外，呼吸基质的变化是主要原因。变黄前期的烟叶脱水速率小，之后逐渐增强直至定色中期，这是第一次由弱变强的脱水过程，主要表现为叶肉细胞脱水，定色后期出现第二次强度较大的脱水过程，表现为维管束脱水。

3. 烘烤工艺对烟叶烘烤特性和质量的影响研究

岗山烟草试验场的原口胜在电热烘烤机中进行了过程经过与品质关系的研究试验。认为如果变黄期脱水过多，则烤后干叶香味淡，有强烈的苦涩味和特有的青杂气。如果变黄期脱水恰当，但定色前期脱水速度过快，则烤后干叶有辛辣味且刺激性强，烟叶粗糙。

宫长荣等研究认为，以相对较低的温度变黄结合较慢的速度升温定色是理想的烘烤工艺。赵铭钦等研究了NC89不同烘烤条件下烟叶的失水规律及烤后烟叶质量的关系。结果表明，在烘烤过程中烟叶的失水速率均呈现变黄期小、定色期大、干筋期又小的规律性，而且自由水的散失快于结合水。在不同变黄和定色条件下，烟叶的失水特性不同，其中以低温慢烤烟叶的失水过程与叶内的生理生化变化过程最为协调，烤后烟叶的经济性状最好。宫长荣等还以烤烟品种NC89为试材，研究了不同烘烤条件下烟叶的变黄指数和叶片色素含量的变化。

徐增汉等研究了喷施乙烯利对NC89上部叶烘烤特性的影响。研究表明，达到生理成熟的上部烟叶，烤前2天喷施浓度为200 mg/kg的乙烯利溶液，能使烤后烟叶成熟度提高，化学成分含量的适宜性和协调性得到改善，提高了上部烟叶的烘烤特性。

4. 烟叶烘烤特性研究方向

目前，国内外对烟叶烘烤特性的机理研究甚少，多集中在失水和变黄特性方面，对于烘烤特性的描述仍没有较统一的指标，多描述为"易烤性好"等，而且这些表述的含义和标准也不一致，判断多以眼观、手摸等感官手段和经验为主，缺少能反映烤烟烘烤特性的一些量化指标。因此，有必要开展烟叶烘烤特性研究，制定出判定烟叶烘烤特性的定性和定量相结合的判定标准。

品种是烟叶生产的基础，从我国烟草发展历史来看，每次大的变革都是从品种开始。因此，开展烟叶烘烤特性研究，首先要从品种着手，主要从各品种烟叶组织结构、失水特性、变黄特性、衰老速度、定色特性、烟叶主要化学成分及关键酶活性等方面开展系统的对比试验，以探讨不同品种烘烤特性差异的原因。摸清品种烘烤特性机理，探索改善品种烘烤特性的途径，一是为制定各品种的烘烤方法提供依据，二是进一步探讨影响品种烘烤特性的基本内涵，并制订出能判定烤烟烘烤特性的定性和定量相结合的标准，为烟草育种和烘烤特性的判断提供理论依据，并最终用于指导新品种选育和品种配套调制技术。这对我国的烟草育种

和调制研究都具有重要的现实意义。

第三节 密集烤房烟叶采收和烘烤技术

一、烟叶采收和烘烤相关术语和定义

1. 烘烤

指从田间成熟采收的鲜烟叶以一定的方式放置在特定的加工设备（称为烤房）内，人为创造适宜的温、湿度环境条件，使烟叶颜色由绿变黄的同时不断脱水干燥，实现烟叶烤黄、烤干、烤香的全过程。通常划分为变黄阶段、定色阶段、干筋阶段。

2. 普通烤房

为烤烟生产中烘烤加工烟叶的专用设备。包括各种建筑材料与结构、热源与供热形式、进风洞和天窗形式的自然通风气流上升式烤房、自然通风气流下降式烤房，以及有机械辅助通风、热风循环和温湿度自控或半自控装置的烤房。

3. 密集式烤房

为烤烟生产中密集烘烤加工烟叶的专用设备，一般由装烟室、热风室、供热系统设备、通风排湿和热风循环系统设备、温湿度控制系统设备等组成。基本特征是装烟密度较大（为普通烤房装烟密度的2倍以上），使用风机进行强制通风，热风循环，实行温湿度自动控制。按建造形式分有卧式和立式；按气流方向分有气流上升式和气流下降式等。

4. 烘烤温湿度自控仪

用于检测、显示和调控烟叶烘烤过程工艺条件的专用设备。通过对供热和通风排湿的调控，实现烘烤温湿度自动调控。由温度和湿度传感器、主机、执行器等组成。

5. 采收成熟度

指采摘时烟叶生长发育和内在物质积累与转化达到的成熟程度和状态。

欠熟：烟叶尚处于生长发育阶段，不具备或少具备成熟特征。

尚熟：烟叶基本完成了生长转化过程，已部分具备较多可辨认的成熟特征。

成熟：烟叶生长发育和干物质转化适当，具备明显可辨认的成熟特征。

完熟：指营养充足，发育良好的上部叶在达到成熟之后进一步进行内部物质转化，叶面有较多"老年斑"，有时还伴随赤星病等斑块。

过熟：烟叶生长发育超过成熟的要求，干物质过多的转化消耗。

假熟：指由于各种因素（营养不良、光照不足、天气严重干旱或涝渍等）影响，使烟叶在没有真正达到成熟之前就表现出外观上的黄化。

6. 叶龄

指烟叶自发生（长2 cm左右、宽0.5 cm左右）到成熟采收时的天数。

7. 烟叶变化

指烘烤进程中烟叶的变黄程度与相应的干燥形态变化。一般以烤房内挂置温湿度计棚次的烟叶变化为主，兼顾其他各层。

8. 变黄程度

指烟叶变黄整体状态的感官反映，以烟叶变为黄色的面积占总面积的比例表示（"几成黄"）表示。通常涉及应用到的有：

五至六成黄：叶尖部、叶边缘变黄，叶中部开始变黄，叶面整体50%～60%变黄。

七至八成黄：叶尖部、叶边缘和叶中部变黄，叶基部、主支脉及其两侧绿色，叶面整体70%～80%变黄。

九成黄：黄片青筋叶基部微带青，或称基本全黄，叶面整体90%左右变黄。

十成黄：烟叶黄片、黄筋。

9. 干燥程度

指烟叶含水量的减少反映在外观上的干燥状态。通常以叶片变软、充分凋萎塌架、主脉变软、勾尖卷边、小卷筒、大卷筒、干筋表示。

叶片变软：烟叶失水量相当于烤前含水量的20%左右。烟叶主脉两侧的叶肉和支脉均已变软，但主脉仍呈膨硬状，用手指夹在主脉两面一折即断，并听到清脆的断裂声。

主脉变软：烟叶失水量相当于烤前含水量的30%～35%。烟叶失水达到充分凋萎，手摸叶片具有丝绸般柔感，主脉变软变韧，不易折断。

勾尖卷边：烟叶失水量相当于烤前含水量的40%左右。叶缘自然向正面反卷，叶尖明显向上勾起。

小打筒：烟叶失水量为烤前含水量的50%～60%。烟叶约有一半以上面积达

到干燥发硬程度，叶片两侧向正面卷曲。

大打筒：烟叶的失水量相当烤前含水量的70%～80%。叶片基本全干，更加卷缩，主脉1/2～2/3未干燥。

干筋：烟叶主脉水分基本全被排除，此时叶片含水量5%～6%，叶脉含水量7%～8%。

二、不同部位烟叶的成熟特征

1. 下部叶

叶片黄绿色（绿中带黄）；主脉2/3变白，支脉1/3变白；茸毛部分脱落；叶尖、叶缘稍下垂；采摘时声音清脆，断面整齐。

2. 中部叶

叶片黄绿至浅黄色，叶耳呈黄绿色，叶尖、叶缘落黄明显；叶面稍皱，出现黄绿色成熟斑；主脉全部变白，支脉1/2变白；茸毛大部分脱落；叶片自然下垂呈拱形，叶尖、叶缘下卷；采摘时声音清脆，断面整齐。

3. 上部叶

叶片和叶耳浅黄至淡黄色，叶尖、叶缘变白；叶面皱折多，出现明显的黄色成熟斑；主脉全部变白，支脉2/3变白；茸毛基本脱落；叶片下垂，茎叶角度达90°以上，叶尖、叶缘向背面卷曲；采摘时声音清脆，断面整齐。

三、采收原则

正常成熟的烟叶，根据烟叶成熟标准，按部位自下而上逐叶采收，掌握"不熟不采、熟而不漏"的原则，确保采收烟叶的品种、部位、成熟度一致。

四、采收时间

一般烟株打顶后10天左右开始采收。下二棚叶烤完后应停炉7～10天，待中部叶达到成熟后采收；中部叶烤完后应停炉10天左右，待上部叶充分成熟后采收。

正常情况下烟叶宜在早晨6～9时采收，便于识别和把握烟叶成熟度。多云天、阴天整天均可采收。采收的烟叶宜当天绑杆、装炉、开烤。旱天宜采露水烟，涝天宜在下午采收。雨后不宜立即采收烟叶，应晒2～3天再采。若遇较长时间降雨，烟叶返青，应待雨停后，重新呈现成熟特征时再采收。

五、采收数量和方法

采收前应根据烤房容量大小确定采收数量，以防采多或采少。采收时，用食指和中指托住叶柄基部下方，拇指放在叶柄基部上方，向下一压，向旁拧下。应轻拿轻放，避免挤压、摩擦。采下的烟叶叶柄对齐，整齐堆放，勿曝晒，不可在积水处、淋雨处堆放。烟叶堆放时应叶基部向下，叶尖朝上摆放，摆放不宜过密、时间过长，以免烟叶自身发热，损伤烟叶质量，甚至产生烫片。

每次采收时，应根据烟叶成熟标准统一采收，确保采收烟叶的品种、部位、成熟度一致。烟株生长成熟一致的烟田，每次每株可采2～3片，每隔5～10天采1次。上部4～6片叶在充分成熟后一次采完。烟株生长不一致的烟田，应按部位选择成熟一致的烟叶采收。

六、特殊烟叶采收

假熟烟只有当叶尖转黄、主脉变白时方可采收。对于成熟或接近成熟的病叶及遭冰雹危害的烟叶，应及时抢收，并清理病残叶以防危害整片烟田。

七、编（夹）烟、装烟

1. 编（夹）烟

鲜烟分类：编（夹）烟前事先将烟叶按照成熟度差异（欠熟烟、尚熟烟、成熟烟、过熟烟、假熟烟）、叶片大小、病残叶等分类。

分类编（夹）烟：在鲜烟叶分类基础上，分别编（夹）烟，同杆同质。

2. 编（夹）烟数量

密集式烤房使用烟杆编烟时，每杆烟重量10～15 kg；使用烟夹夹烟时，要使烟夹饱满夹紧。夹（编）烟不得过量或欠量。

3. 编烟方法

叶基对齐，叶背相靠，编扣牢固，束间距离均匀一致。普通烤房编烟2片/束，烟杆两端各留10 cm空杆；密集式烤房编烟3～4片/束，烟杆两端各留5～6 cm空杆。

编烟要用麻线或棉线绳。编烟在阴凉处进行，避免烟叶沾染泥土；已编杆烟叶应放在阴凉处，避免日晒，防止损伤烟叶。

4. 分类装烟

同一烤房要装品种、栽培管理条件、部位、采收时间一致的烟叶。

气流上升式烤房：变黄快、成熟度略高的鲜烟叶及轻度病叶装在底层，成熟度表现正常的鲜烟叶装在中层和上层。

气流下降式烤房：变黄快、成熟度略高的鲜烟叶及轻度病叶装在顶层，成熟度表现正常的鲜烟叶装在中层和底层。观察窗周围装挂具有代表性的烟叶。

5. 装烟密度

用烟杆的密集式烤房：相邻两个烟杆之间中心距离8～10 cm。

用烟夹的密集式烤房：相邻两个烟夹之间距离5～7 cm。

密集式烤房装烟必须装满，不留空隙。当天采收的烟叶，要当天编（夹）烟、装烟，并点火烘烤。

八、鲜烟分类

鲜烟分类是提高烟叶烘烤质量的基础。编烟时，将少量的尚熟叶、成熟叶、过熟叶、病斑叶以及装卸、运输过程中造成损伤的烟叶挑选出来，分别绑杆。做到同一烟杆烟叶部位、成熟度、大小基本一致。装炉时，根据烤房各部位的温湿规律进行配炉。

九、密集烤房烘烤技术

1. 传感器（温湿度探头）挂置

给湿球温度水瓶注满清水，并按要求塞置好纱布，将温湿度传感器平稳挂置在中层中部位置，传感器感温头悬挂高度以该层烟叶中部稍低位置。

2. 烘烤操作

完成装烟后关严装烟室大门、进风口和排湿口，及时点火烘烤。

3. 变黄阶段

（1）烟叶变化要求

下部烟叶变黄程度达9成至9.5成；中、上部烟叶变黄程度达10成或接近10成，且叶片凋萎塌架、勾尖卷边、主脉开始变软或达半软。

（2）干、湿球温度控制（干球温度32～45℃）

烟炉点火后烧小火，间断开风机，实现炉内热循环，将干球温度以1℃/h的速度升至35～36℃，湿球温度维持在33～34℃。待烟叶叶尖变黄（烟叶变黄5～6成）后，以每小时1℃的升温速度将干球温度升至38℃，湿球温度控制在

34~36℃，压小火力，稳温并延长时间。稳温时每隔2~3小时开1次风机，每次开风机时间为10分钟左右。待烟叶出汗发软，烟叶变得黄多青少（7~8成黄）时，稍稍开启冷风进风口和排湿口，加大火力，以每2~3小时升温1℃的速度将干球温度升至40~42℃，湿球温度保持在37~38℃，充分延长时间，使烟叶继续变黄失水，达到黄片青筋（烟叶达9~10成黄，支脉全黄，主脉微青）、烟叶凋萎、主脉变软折而不断，然后转入定色阶段。

（3）注意事项

变黄阶段风机应开停结合，停多开少，每次停机时间不超过2~3小时，防止烟叶自身起热而坏烟。变黄阶段中后期应适当排湿，具体情况视湿球温度和烟叶变化情况而定，防止烟叶硬变黄和烂烟。由于加热室与装烟室温差太大，直接开启风机易使烟叶产生烫片，故每次风机开启前2~3分钟应开大冷风进风口，然后再开启风机。通过风机运行，使装烟室内温度接近加热室温度或基本相同时，再将冷风进风口恢复到原位置。

4. 定色阶段

（1）烟叶变化要求

烟叶黄筋黄片，中上层叶片完全干燥，底层叶片基本干燥。

（2）干、湿球温度控制（干球温度45~55℃）

开风机前加大冷风进风口和排湿口的开放程度。加大火力，持续开风机，以每2~3小时升温1℃的速度将干球温度升至48℃，湿球温度控制在37~38℃，稳温，直至烟叶黄筋黄片（叶片达10成黄），部分烟叶达小卷筒，然后以每2~3小时升温1℃的速度将干球温度升至52~54℃，湿球温度控制在38~39℃，延长时间10~15小时，促进烟叶香气物质的大量形成。待烟叶叶片、支脉全干、烟叶大卷筒，再转入干筋阶段。

（3）注意事项

定色阶段风机不能停，要保持风机正常运转。烧火应灵活，防止升温太猛和掉温。注意观察烟叶变化，以确定升温和定色速度。定色阶段掌握好湿球温度（前段37~38℃，后段38~39℃），及时排湿，慢定色。若排湿定色过快，易出现烤青或青筋。

5. 干筋阶段

（1）烟叶变化要求

全部烟叶的主脉充分干燥。

（2）干、湿球温度控制（干球温度55～68℃）

逐步关小冷风进风口和排气口，以每小时1℃的升温速度将干球温度由55℃升至65～68℃，并保持稳定。湿球温度不超过42℃，直至全房烟叶的主脉完全干燥。

（3）注意事项

干筋阶段风机一般不停，但干球温度65℃以上时可以间断开风机。以近门1～2 m处二层烟叶主脉全干或整炉烟叶主脉全干为停火标准。严禁大幅度掉温，以防涸筋。

6. 特殊工艺措施

烘烤初期烤房加湿：鲜烟水分特别少或变黄阶段首次加热后烤房湿度达不到要求时，可打开装烟室大门或热风室检修门，向烤房地面泼洒清水，并适当延长加热通风时间。

烘烤初期烤房排湿：鲜烟表面附着较大量的水滴时，宜将首次加热的温度略为提高，并适当延长加热通风时间，进行数次间歇排湿，将叶面附着水蒸发排出后再进入正常烘烤。

7. 停风处理

烘烤过程中，若在中火以上火候下出现较长时间的停风故障，应及时采取有效的压火、撤火措施，包括严关火门、严关烟囱闸板，打开加热室顶部排热窗和加热室检修门等。若停风故障在短时间内无法排除，应用湿煤（常备不懈）严密压火、封火，或将炉膛内的在燃煤筐撤出。

8. 烟叶回潮

外界空气潮湿情况下：当确认全房烟叶完全干筋后，关闭风机电源，当烤房温度降低至45～50℃时，打开装烟门、冷风进风口和排湿口，让烟叶自然吸潮。

外界空气干燥情况下：当烤房温度降至50℃时，向装烟室和加热室地面均匀泼水，然后开启风机通风，并用小孔径水管向炉顶及换热器外壁慢速喷射清水，用所产生的蒸汽提高循环风的湿度回潮烟叶。若回潮时火炉火管已明显回冷，则可用柴草重新烧一段时间的中火，促进水分的汽化，实现烟叶的人工回潮。

第四节 机械化编、夹烟技术

一、自动编烟机

为了便于将新鲜烟叶挂置在烘房的烘干架上,需要将多张烟叶成一字形摊开且夹有一根竹竿(或其他硬杆)后再用针线将位于竹竿一侧的烟叶编缝成一串,然后拿起竹竿即可将垂挂在竹竿上的烟叶置于烘房的烘干架上烘干。目前的这种编烟方法仍然以手工缝制为主,方法虽然简单,但明显存在缝编效率低、费时费力、针距和松紧不一致、烟叶干燥缩小后容易脱落等缺点,直接影响到烟农的生产效率和烘烤进度。

1. 结构

自动编烟机的结构包括缝针和钩针,还包括机架、设有编烟槽的台板、设有针架和驱动装置的机头、机头座和离合装置。所述台板固装在机架上,机头装在机头座上,机头座底边经支撑架和滑轮装在机架后下方的滑轨上,机头座前部设有能沿台板背面的滑道横向移动的定位滑轮,由驱动装置驱动机头横向移动,使针架在沿编烟槽横向移动的同时作上下运动使缝针牵线与钩针配合而自动完成编烟。驱动装置包括主轴,设有偏心轴和小链轮的大皮带轮、装有小皮带轮的电动机、大链轮、链轮轴、滚花轮。所述离合装置包括离合器操纵杆、定位卡、操纵杆座、离合轴承和钢筋,其中,电动机装在机头座下边的支撑架上,主轴和链轮轴分别经轴承和轴承座平行安装在机头座上,主轴前端设有钩针孔与钩针连接,大皮带轮和大链轮分别装在主轴后端和链轮轴后端,滚花轮装在链轮轴上。电动机上的小皮带轮经皮带与大皮带轮连接,大链轮经链条与小链轮连接,操纵杆座装在链轮轴侧边的机头座上。离合器操纵杆下端安装在操纵杆座上,离合轴承装在离合器操纵杆下部设有的一根可压在滚花轮上方的转动轴上,离合器操纵杆中部卡装在固定于针架上的定位卡的卡扣中,钢筋夹装在离合轴承与滚花轮之间,钢筋两端固装在台板两端的机架上。针架包括针杆、针杆架、遥臂、滑竿、滑竿座、针导向架。针杆架中部固装在滑竿上,滑竿经导向轴承装在滑竿座上,滑竿座下端固装在机头座上,针杆上端固装在针杆架前端,针杆下端位于编烟槽上方并设有安装孔与缝针连接,针杆架后端经关节轴承与遥臂上端连接。遥臂下端经关节轴承与大皮带轮上的偏心轴连接,针导向架位于缝针下方并固装机头座上,

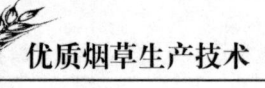

主轴前端设有钩针孔与安装在针导向架内的钩针连接。为了防止铺摊在台板上的待编烟叶散乱，可在编烟槽后边的台板上增设压烟杆。

2. 具体实施方式

使用时，在台板的编烟槽上铺摊一层适当厚度的新鲜烟叶，将竹竿或其他硬杆放在竿烟槽前面的烟叶上，再铺摊一层适当厚度的新鲜烟叶，放下压烟杆，接通电动机的电源开关。电动机带动大皮带轮转动，使主轴和偏心轴及小链轮同时转动，钩针随主轴转动，偏心轴经遥臂巧带动针杆架使针杆和缝针沿滑竿和滑竿座作上下运动。缝针即可带动穿过其前端针眼中的线在针导向架中与转动的钩针配合而进行单线编缝，再将离合器操纵杆从定位卡的回拉挡改换到行走挡，使离合轴承将钢筋压紧在滚花轮上，因滚花轮随小链轮驱动的大链轮而转动，使滚花轮带动机头在钢筋上前进，即可自动将置于台板上的烟叶沿编烟槽编缝成有利于烘干的整杆烟叶。当机头行进到终点时，行程开关控制杆使行程开关将电动机电源关闭而停止前进和编缝，再将离合器操纵杆从定位卡的行走挡改换到回拉挡，使离合轴承离开钢筋，钢筋也离开滚花轮，即可将机头拉回到起始位置，抬起压烟杆，将编好在竹竿上的烟叶取走而完成本次编烟（图6-1）。

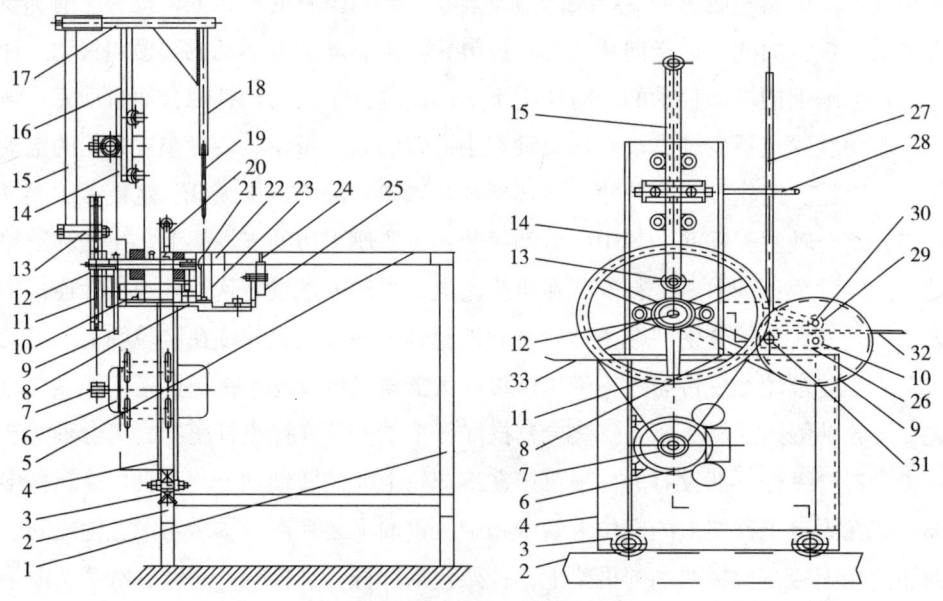

图6-1 自动编烟机结构示意图

1-机架；2-滑轨；3-滑轮；4-支撑架；5-台板；6-电动机；7-小皮带轮；8-机头座；9-大链轮；10-链轮组；11-大皮带轮；12-主轴；13-偏心轴；14-滑竿座；15-遥臂；16-滑竿；17-针杆架；18-针杆；19-缝针；20-压烟杆；21-钩针；22-编烟槽；23-针导向架；24-滑道；25-定位滑轮；26-滚花轮；27-离合器操纵杆；28-定位卡；29-离合轴承；30-转动轴；31-操纵杆座；32-钢筋；33-行程开关控制杆

二、初烤烟夹

1. 结构

一种初烤烟夹，两根夹烟臂之间、两块悬挂板之间、夹烟臂和悬挂板之间均为铰接，烟夹轴与定位杆之间有基板连接，每对平行的烟夹臂的自由端有压烟杆连接，分烟笼套在定位杆上。这种烟夹可工厂化生产，夹烟、解烟容易、迅速，大大减轻了工作量；同时由于优化了烘烤环境，从而提高了烤房的烘烤能力和烤烟质量。

2. 具体实施方式

夹烟叶时，挂好分烟笼，将烟夹侧放使一侧基板平放于地面，拉开两根压烟杆，人工叠放烟叶，每相邻两块烟叶基部在两根压烟杆咬合的位置处交叉叠放，烟叶的尾部分置于分烟笼两侧。待烟叶叠放厚度与压烟杆长度相等或相近时，用人工压下两根夹烟臂，使压烟杆压向交叉叠放的烟叶基部，继而拉动悬挂板使压烟杆将烟叶来得更紧，最后提起悬挂板使烟夹轴呈水平状态，即可将夹满烟叶的烟夹挂入烘烤炉内烘烤。烟夹上的烟叶越重，夹烟臂夹烟叶越紧，即使在烘烤过程中烟梗逐渐变细，烟夹对烟叶的夹持也不会放松，保证了烤烟质量。解夹时只要将烟夹拿下来，取下分烟笼，用手拉开两根压烟杆即可（图6-2）。

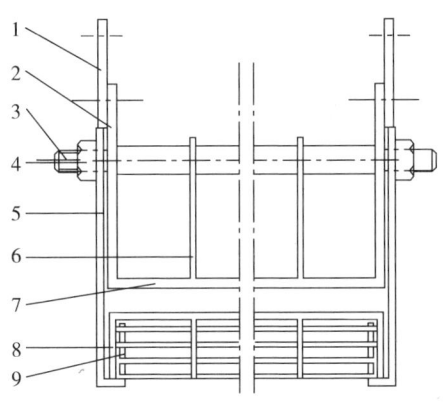

图6-2　初烤烟夹的结构示意图

1-悬挂板；2-夹烟臂；3-烟夹轴；4-螺母；5-基板；6-加强筋；7-压烟杆；8-分烟笼；9-定位杆

三、烘烤烟夹具

1. 结构

设置上夹梁和下夹梁，夹梁的两端安装有定位销；夹梁上贯穿设置有两组弹簧销立杆，弹簧销立杆上套装有弹簧，弹簧的两端分别设有弹簧定位座，弹簧销立杆的上部通过销钉活动连接有弹簧销横杆。该结构增加了烘烤烟叶的数量和质量，增强了安全系数，而且操作简单易行，降低了成本，提高了生产效率。

2. 具体实施方式

扳开弹簧销横杆，上下夹梁分开，将烟叶放置上下夹梁之间，锁紧定位销和弹簧销横杆，弹簧迫使上下夹梁锁紧从而固定住烟叶（图6-3）。

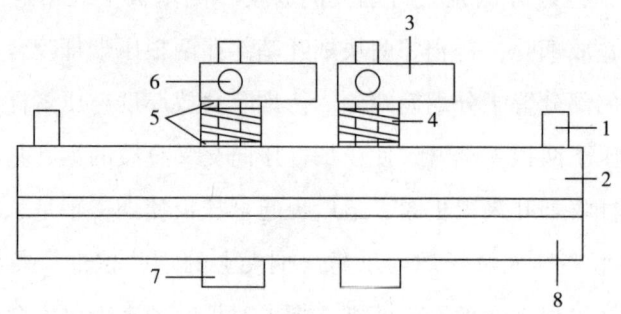

图6-3　烘烤烟夹具示意图

1-定位销；2-上夹梁；3-弹簧销横杆；4-弹性件；5-弹簧定位座；6-销钉；7-弹簧销立杆；8-下夹梁

第七章　香料烟的栽培与调制

香料烟是栽培烟草的一种特殊类型，是由一组形态学、栽培技术、操作加工技术和烟叶质量不同的晒烟品种构成的。香料烟品种的主要特点是叶片小，叶片组织结构紧密，调制后的叶片呈现黄到橙黄并带有暗褐色，烟气为中性或微偏酸性。香气飘逸和吃味优美醇和是香料烟的主要特点。香料烟作为卷烟工业的重要调香、调味原料，在现代卷烟工业生产的低焦油、混合型产品中占有重要地位。

第一节　香料烟的类型与栽培

一、香料烟的类型

我国香料烟种植历史较短，类型及其品种都是由国外引进的。在类型的划分上没有详细的研究，人们也大多采用国外的观点，将香料烟品种类型按照原产地、株型、叶型、烟叶外观特点、烟气特点等植物学和质量特性，粗分为沙姆逊型、巴斯马型和伊兹米尔型。但由于我国香料烟产区特点和烟叶质量特点不够突出，烟叶外观质量和内在质量未形成各自的风格，在类型划分上只能主要按照品种的生物学特性和烟气特点区分，将香料烟品种分为沙姆逊型和巴斯马型，其中巴斯马型和伊兹米尔型统称为巴斯马型。

二、香料烟的栽培

1. 适宜生态条件的选择

由于香料烟是在地中海东部和巴尔干地区生长季节高温、干热的环境条件下长期驯化和筛选形成的一类特殊烟草类型，其对气候条件和土壤条件特别敏感。

（1）气候条件

香料烟具有较强的抗旱能力，生长季节的光照充足、高温、干热是优质香料

烟生产的必要条件。生长季节的高温干旱是优质香料烟产区选择的必要条件，我国优质香料烟产区的选择也是按照这一原则进行的，当前香料烟生产形成一定规模的云南保山、新疆、湖北、浙江等产区，也基本符合优质香料烟生产所要求的生态条件。

（2）土壤条件

除满足优质香料烟生产的气候条件外，土壤也是制约优质香料烟生产的重要条件。优质香料烟适宜在地面斜度较大的山坡地、高地上种植，山坡地和高地为香料烟生长季节土壤含水量少提供必要的条件。香料烟对土壤质地的要求不是十分严格，一般在表土层为沙土、沙壤土、粉沙土和心土层为黏壤土、石灰岩、片岩等的土壤上都能种植，有机质含量中等，富含钾、磷、钙及微量元素的中等肥力土壤。pH值要求偏酸性或中性。

在满足气候条件选择的同时，在土壤肥力上应尽量选择中上等地块，以保证烟株营养供应充足，叶片生长发育良好，干物质积累丰富，达到烟叶组织结构致密，外观和内在质量优良的目的。

2. 适宜品种的选择

由于我国香料烟产区地理位置的不同，生态条件存在一定的差异，因而在主栽品种的选择上也有所不同。生长季节降雨量偏少，高温干热的云南保山产区以克萨锡·巴斯马（Xanthi Basma）为主栽品种，配合种植卡马蒂尼·巴斯马（Komotini Basma）和库库鲁·伊兹米尔（Kukulou Lzmir）等耐旱的品种类型；新疆产区降雨极少，高温干旱是生长期的主要气候特点，田间中、后期土壤水分主要靠灌溉补充。根据当地的气候条件，以种植卡马蒂尼·巴斯马（Komotini Basma）为主，搭配种植克萨锡·巴斯马和库库鲁·伊兹米尔等特别耐旱品种；湖北的陨西和竹山生长期降雨量相对偏多，应选择种植沙姆逊类型的品种沙姆逊·杰尼克（SamSun Canik），并搭配种植沙姆逊及从希腊新引的卡特里尼（Katerini）和卡巴库拉克（Kabakoulak）。浙江的新昌和嵊州、河南的汝阳、安徽的歙县等生长期降雨量偏多的产区，以种植沙姆逊类型为主，可以搭配种植巴斯马、沙姆逊·杰尼克和从希腊新引进的卡特里尼和卡巴库拉克。

3. 施肥

由于香料烟在高温干旱的特殊生态条件下生长发育，烟株对土壤养分的吸收和利用规律与烤烟和其他植物的规律有所不同。香料烟吸收氮肥和磷肥量较少，相对吸收钾、钙肥量较大。由于香料烟植株矮小，叶片小，单位面积生物产量相对较少，造成香料烟对土壤肥料的吸收量少，因而香料烟生产上应根据这种需肥规律确定施肥量。

我国香料烟产区分布范围较广，各产区生态条件不尽相同，应根据当地的气候条件、土壤条件、土壤肥力、品种类型、灌溉条件确定施肥方案，按照氮、磷、钾合理配比，并考虑土壤中、微量元素的丰歉程度及补充措施，保证烟株营养充足、烟叶发育良好。

4. 适时移栽

生长季节降雨量偏多的地区（如湖北、浙江产区），降雨量是影响香料烟生产的关键因素，这些地区应尽可能调整栽培制度，合理安排香料烟大田生育期，使香料烟的调制期避开雨季。在生产季节少雨干旱的地区，生产季节的温度指标是确定移栽期的主要因素，应将大田生育期安排在前期烟苗能顺利成活生长，后期顶部叶片成熟的日平均温度在20℃以上。如新疆产区要求上部叶片在日平均温度20℃以上的条件下成熟，安排在9月上旬结束采收，避开9月中旬后可能出现的低温气候。云南保山产区应合理安排田间生育期，确保下部叶片在较适宜的温度条件下生长发育和成熟，保证下部叶片质量。

5. 合理密植

在我国香料烟产区，一般沙姆逊类型品种密度小些，巴斯马类型品种密度大些。克萨锡·巴斯马、卡玛蒂尼·巴斯马和库库鲁伊·兹米尔品种以行距40 cm，株距10 cm，每公顷栽烟249 000株的种植规格较适合我国种植巴斯马类型产区。沙姆逊—杰尼克行距50 cm，株距10 cm，每公顷栽烟199 500株；沙姆逊采用宽窄行种植，宽行距60 cm，窄行距30 cm，株距10~12 cm，每公顷栽烟180 000株的种植规格较适合我国种植沙姆逊类型的产区。

6. 大田管理

（1）中耕培土

由于香料烟在相对干旱的条件下种植，要求土壤含水量少，一般根系不发达。中耕培土可疏松土壤，促进根系生长，扩大营养吸收面积，增强抗旱、抗风、防倒伏能力，减少杂草的危害。或生长期降雨后中耕，以便快速散失土壤水分，保持土壤干旱状态，防止烟株快速生长和叶片增大。香料烟一般进行2~3次中耕，第一次中耕在返苗后进行，中耕较浅，以破除板结、提高地温、清除杂

草，促新根萌发；第二次、第三次中耕分别在移栽后20～25天、30～35天，中耕较深，并结合培土。

在新疆香料烟产区，生长期间降雨量少、蒸发量大，维持烟株正常生长和发育必须依靠灌溉。这些产区一般生育期灌水次数较多，每次灌水往往造成土壤板结，通气性差。而且大田前期土壤温度较低，根系发育不良，吸收养分和水分能力差，对烟株生长不利，烟株的抗旱性、抗病性较差。因此，每次灌水后必须中耕，以疏松土壤，促进根系生长和对养分的吸收利用，减少土壤水分蒸发，增强抗旱保墒能力，减少灌水次数，降低灌水成本，有利于形成良好的植株长相和叶片结构。

（2）揭膜培土

云南保山产区香料烟大田生长前期气温、地温偏低，生产上多采用覆盖地膜以提高土壤温度，促进前期根系的发育及烟株的生长，并防止杂草的发生。但覆盖地膜往往导致根系发育不良，出现根系活力早衰现象。香料烟生长到中、后期，气温、地温较高，能够满足香料烟生长发育对热量条件的需求。因此，覆盖地膜的烟田应及时揭膜，同时中耕培土，促进根系发育，改善根系的生理功能，提高根系吸收养分及合成烟碱的能力，增加上部烟叶的身份和烟碱的含量。关于揭膜时期应灵活掌握，在气温和土壤湿度良好的年份，应尽早揭膜培土；温度偏低、土壤水分较少的年份，为了保温和保湿揭膜时间应适当延后。

（3）合理灌溉

香料烟大田生长期一般不强调灌溉，在新疆等香料烟产区，由于气候特别干旱，生长期降雨量极少，土壤水分不能满足烟株正常生长发育要求，必须依靠适当的灌溉措施才能保证香料烟的产量和质量。香料烟灌溉要求严格控制每次的灌水量和灌溉次数，生长前期可适当保持相对较高的土壤含水量，生长中、后期要求保持土壤较低含水量。中、后期灌溉标准应掌握在晴天烟株出现萎蔫，夜间由于温度降低和湿度加大，叶片到早晨能恢复正常时不必灌水，但到次日早晨叶片仍不能完全恢复正常时，要采用少水量灌溉。香料烟灌溉应掌握以水调肥、以水控肥的原则，既保证烟株正常生长，又保证有一个合理的植株长相和叶片结构，使灌溉达到烟株高度适宜，叶片大小适中，细胞结构紧密，内含物充实，烟叶身份较厚，质量优良的目的。

（4）摘除底脚

香料烟移栽密度较大，下部2～3片底脚叶由于发育早、营养不良、光照不足、干物质积累不充分等原因，造成叶片薄、结构疏松、泥沙含量多，调制后烟叶色泽差、油分不足，烟叶等级较低，工业使用价值极低。因而，生产上应及时摘除2～3片底脚叶，改善田间通风透光条件，提高中、上部叶片营养吸收和光合产物积累，减少群体郁蔽造成的病虫发生和危害，促进其他部位叶片质量提高。

第二节　香料烟的采收与调制

香料烟属于比较典型的晒烟，调制过程主要是晒制过程。烟叶调制过程主要依靠太阳光热资源和环境温、湿度的合理利用与控制，实现叶片的凋萎变黄、内含物质的转化和干燥固定。因而烟叶成熟采收标准的掌握、穿叶上架、调制设备、调制技术都是围绕晒制展开的。

一、成熟采收

1. 叶片成熟特征

香料烟不同部位叶片成熟特征和成熟采收程度要求有所不同，一般下部叶片采收成熟度掌握要早，中部叶片掌握适度，上部叶片掌握适当晚。生产上应严格掌握香料烟成熟度标准，做到适熟采收。下部叶片浓绿减退即可采收，这时期烟株基本达到花期；中、上部叶片绿色减退呈淡绿色，叶尖变黄，茎叶夹角变大即可采收。营养充足的烟田，中、上部叶片较厚，内含物充实，应掌握叶片浓绿减退，叶尖、叶边缘显黄且有成熟斑出现，叶片黏性增大时采收。

2. 叶片采收

香料烟叶片开始采收时间一般在移栽后50天左右，由于叶片较小，一次一般采收3～5片叶，每隔5天左右采收一次，整个收获期采收7～8次。其中下部叶片采收间隔短些，上部叶片采收间隔适当加长。采收方法要求食指和中指放在叶片下面靠近烟茎，拇指在叶片上方捏紧叶片，将叶片从茎秆上掰下，严禁将叶片下抹，以便造成烟茎损伤和叶片带有杂物。采收最好在上午露水干后进行，一般不要采摘带露水叶片。收获期遇到降雨，叶片表面对烟叶质量起重要作用的分泌物会有所损失，且雨后烟叶含水量较高，增加调制难度，因而，经过2～3个晴天后才能采收叶片。

二、穿叶上架

每次采收的烟叶，叶片大小和成熟程度不均匀，在穿叶之前要将适熟、过熟、不熟、病叶和残缺不完整的烟叶分别穿串，以保证同一烟串的烟叶大小、成熟度均匀一致。穿烟一般以叶片面对面、背对背为好，以免晾晒中叶子卷缩重叠在一起，造成叶片之间的变黄和脱水速度不一致，影响调制后质量。穿烟一般用大号缝衣针或小号偏平缝麻袋针，使用细线绳或细麻绳，从距叶基部主脉1.5～2.0 cm处穿过。烟串长度根据穿叶绳强度和调制架宽度而定，一般采用1m长的烟串。在我国湖北十堰产区，普遍采用当地的一种强度和韧性很好的草绳编烟，做法与一些地方晒晾烟索晒调制方法类似，烟串的长度较长，调制也比较方便。

穿烟密度应视烟叶部位、大小、成熟度而定。一根线上穿叶的密度，每串烟在架上的稀密都影响烟叶的脱水速度。穿烟密度太小则脱水太快，调制后烟叶容易带青过度；穿叶密度过大则脱水太慢，容易造成叶片中间腐烂变黑。一般烟串叶片之间的距离，下部叶间隔1.5 cm，中部叶1 cm，上部叶0.5 cm。在调制架或调制棚内烟串之间的距离，下部叶20～25 cm，中部叶15 cm左右，上部叶10 cm左右。掌握小叶烟串稍密，大叶烟串稍稀的原则，使上架烟串不相互碰撞，串之间不相互遮挡阳光，烟串在晒棚内不相互积压为宜。当天采收的烟叶要求当天穿叶上架，严禁青烟堆积过夜。

三、调制设备

与烤烟相比，香料烟的调制设备相对简单，调制设备主要作用是保温、保湿、遮阴，便于烟叶脱水变黄，促使烟叶内含物充分转化和干燥。20世纪90年代以来，我国香料烟生产逐步进入规范化生产阶段，调制设备基本达到规范化要求，生产上使用的调制设备主要由塑料薄膜覆盖的调制棚和木制调制架组成，其他调制设备也是由此演变而来的。

1. 塑料调制大棚

由木棒或竹竿搭建而成，结构类似烟草集约化育苗的塑料大棚，规格一般长5～8 m，宽3～4 m，顶高2.5 m左右，侧面高1.8～2.0 m，具体尺寸无严格要求，但要求能竖立和平放调制架，方便在棚内调制操作，防雨防风，保温保湿。在新疆香料烟产区，由于调制期间空气相对湿度特别低，烟叶脱水变黄期要求在保湿条件下进行，因而，将塑料调制大棚改造为东、西、北三面半地下式土墙，南面和顶部用塑料薄膜覆盖，利用地面湿度大的特点提高调制棚内空气湿度，保证烟叶调制过程对空气湿度的要求。

2．立式调制架

立式调制架是用截面长、宽为3～5 cm的方木杆或直径为3～5 cm圆木杆制成的，调制架长为1.80～2.00 m，宽1.10～1.20 m，烟串之间距离为0.15～0.20 m。这种调制架移动比较方便，烟叶在凋萎变黄期可以在调制棚内或在树下、房檐下遮阴的地方放置，需要晒制时，可以移到阳光下，调制架与阳光的夹角可以随意调整。

3．平放式调制架

这种调制架与立式调制架结构基本相似，一般用比较坚固的木杆，在离地面0.50 m高度南北方向搭建两条间隔1.50 m左右的平行架，平行架的上面平放调制架。调制时，烟叶各时期温、湿度控制主要依靠烟串之间距离、调制架上方覆盖遮光物或覆盖塑料薄膜来调节。

四、调制

香料烟是晒烟，调制过程是生产中最重要的环节之一，调制过程的正确与否在很大程度上影响着烟叶的产量、质量和效益。香料烟调制与烤烟不同，调制过程不需要人工加温调整温度和湿度，完全依靠太阳光能的合理调节来控制调制过程温度、湿度变化，达到烟叶调制目的。香料烟的调制过程大体分为两个阶段，即凋萎变黄期和定色干燥期。整个调制过程需要7～10天，其中下部叶片干物质积累量偏少，调制过程时间短些，中、上部叶片干物质积累量大些，需要调制时间长些。

1．凋萎变黄期

香料烟凋萎变黄期相当于烤烟的变黄期，烟叶的外观和内在质量在很大程度上取决于这一时期的操作。烟串上架后，应根据烟叶部位、含水量情况确定变黄期的操作技术。对于下部叶片和含水量较大的叶片，要求在一定遮阴、通风条件下凋萎变黄，以免造成强光灼伤叶片；对于中、上部叶片及含水量较低、干物质积累较多的叶片，可以减少遮阴程度，增加光照强度和光照时间，提高变黄温度和减少通风强度，促使加快变黄进程。烟叶变黄初期，一般温度控制为20～28℃，相对湿度控制在85%较适宜；变黄中、后期温度要逐步升高，相对湿度逐步降低。对不同产区、不同品种、不同部位叶片凋萎变黄程度的掌握上应有所不同，调制期间降雨量偏多、空气相对湿度较大、沙姆逊类型大叶片品种、叶位靠下部的叶片变黄程度要求放宽，防止变黄期过长、叶内水分散失过慢、内含物消耗过度而出现叶色过深和糟片现象发生，达到65%～70%的变黄程度即可转到定色干燥期。调制期降雨量较少、空气相对湿度偏低、巴斯马类型小叶品种，中上部位叶片变黄程度掌握要高，达到75%～80%的变黄程度再转到定色干燥期。新疆、云南香料烟调制期间降雨量少，空气干燥，应在塑料大棚下调制，以防失水过快，调制过速，造成烟叶急干，内含物转化不充分，影响烟叶的内在质量。湖北、浙江等产地，香料烟调制期间降雨量较大，可采用塑料棚或晾棚加晒场调制，避免烟叶遭雨淋导致发霉或颜色过深。

2. 定色干燥期

香料烟的定色干燥期与烤烟的定色干燥期基本相似，但香料烟变黄期要求的变黄程度较烤烟低些。这一时期的操作措施主要是增加光照强度和光照时间，揭掉调制架上的遮阴物体，使烟叶逐步达到全天在强光下曝晒，使变黄程度适当、内含物质转化充分的烟叶尽快干燥，固定叶色和停止内含物质的继续转化。对于下部含水量较大的叶片、沙姆逊类大叶片品种，适当放缓增加光照时间和提高温度的进度，以免急速高温和曝晒造成强光灼伤叶片及出现过多糟片；对于中、上部叶片及含水量较低、干物质积累较多、巴斯马小叶品种，可以加快定色程度，增加光照强度和光照时间，提高变黄温度和减少通风强度，加快变黄进程，干物质积累良好的上部叶片，完成凋萎变黄后即可转为全天强光曝晒下定色干燥。

3. 堆积醇化

由于香料烟个体叶片生长发育环境的差异，内含物质积累程度的不一致，调制过程的操作不一致，会造成调制后叶色不均匀或含青度较高。调制后的烟叶，一般要求在烟农处存放一段时间进行初步堆积醇化，经过初步堆积醇化后的烟叶，含青程度降低，商品等级和内在质量均会有所提高。定色干燥后的叶片仍含有大约10%的水分，在一定的温度和湿度条件下，经过一段时间的贮存，烟叶内含物质还可以进一步分解转化，使烟叶的青色进一步变为黄色，增加对香气起重要作用的某些物质含量，并能降低烟叶杂气，在一定程度上提高烟叶的内在质量。在一定温度、湿度条件下堆积提高烟叶质量的过程，称为香料烟的醇化过程，这是香料烟调制后的一个重要过程，这一过程需要在烟农手中完成，操作方法一般用塑料薄膜将烟串包严堆放，在温度相对恒定的干燥库房内放置20～30天，堆放期间注意定期检查堆内的温、湿度，以防烟叶发霉。

第八章　白肋烟的栽培与调制

第一节　白肋烟的主要特点、质量要求与生长环境

白肋烟是混合型卷烟的主要原料，其质量的优劣直接影响混合型卷烟质量。随着我国加入世贸组织及卷烟与烟叶市场的国际化，改进白肋烟栽培、调制技术，提高国产白肋烟的质量和工业可用性，对烟草行业的降焦减害工作、增强国产混合型卷烟的国际市场竞争能力具有重要意义。

一、白肋烟的主要特点

白肋烟的茎干和叶片主脉为乳白色，主脉较粗，水分含量较高，叶片较大，叶片与主茎的角度较小。白肋烟对氮素营养要求较高，一般适宜种植于土壤较肥沃的地块。白肋烟生长期间怕旱怕涝，田间积水后烟株易死亡；叶片较鲜嫩，易遭病虫危害。田间长势强，生育期较短，大田生育期一般为85～110天；叶片成熟集中，适宜整株或半整株砍收，在专用晾房中调制。

调制后的白肋烟叶片大而薄，烟叶颜色为近红黄至红黄色，下部叶颜色较浅、中上部叶颜色较深；叶片结构疏松、吸湿性能强、填充性强、燃烧性好。白肋烟香气特殊，劲头较大，具有调节香气和吃味的作用，是构成混合型卷烟独特风格不可缺少的原料。

二、白肋烟的质量要求

白肋烟外观品质因素包括烟叶颜色、成熟度、叶片结构、光泽、油分、身份等主要因素。烟叶的各个外观品质因素不是孤立的，而是相互影响、相互制约，烟叶外观质量是各品质因素的综合反应。

1. 颜色

烟叶颜色是外观质量的重要因素，在某种程度上反映了烟叶的内在质量。烟叶颜色随着品种、叶片部位、收获成熟度、栽培与调制技术等的不同有较大差

别。白肋烟外观上反映给视觉的色彩主要决定与叶片中存在的各种色素的比例。白肋烟颜色以红黄、近红黄、红棕为佳；同时要求叶片颜色高度一致，具有较好的均匀性。如果生产措施不当，使叶片产生青痕、杂色、粉红色或烟叶颜色深浅不均等都会影响烟叶内在质量，降低烟叶工业可用性。叶面存在任何病斑或由于过熟产生的枯焦斑点也影响烟叶内在质量，这类烟叶抽吸时会产生较大的杂气或枯焦气息。

2. 成熟度

指烟叶的成熟程度。白肋烟要求成熟度适中，即烟叶在田间达到正常工艺成熟水平。欠熟、尚熟烟叶青色、杂色较多，叶片结构较紧密，香气质较差、香气量较少、杂气较重。过熟烟叶烟碱含量较高，抽吸时会因生理强度过大、刺激性过大，掩盖烟叶的香气，降低烟叶可用性。

烟叶在田间要达到正常成熟，必须要有完全、充足的养分和一定量的水分、温度、光照及空气条件。仅仅依靠推迟采收时间，是不能使烟叶达到真正意义上的成熟的。要使烟叶真正达到成熟采收，必须调控好烟叶生长的养分和温、光、水、气，同时还应避免烟叶在田间过熟而导致烟叶烟碱含量偏高。

3. 叶片结构

指烟叶的发育程度和细胞排列的疏密程度。叶片是由细胞组成的，细胞的发育状况和细胞排列间隙的大小与烟叶的填充性、弹性、燃烧性有密切关系。一般规律是：细胞发育好、成熟充分、间隙大、叶片呈现一种疏松状态，烟叶的填充性、弹性、燃烧性均好，否则相反。因此，叶片结构是反映烟叶质量的重要因素之一。

4. 光泽

白肋烟要求烟叶表面的光亮度高。光泽鲜明的烟叶，品质优良；光泽较暗的烟叶香气质较差，香气量较少，杂气较重。

5. 油分

并非指叶片内含油多少，通常指的是烟叶组织细胞内含有的一种柔软的半液体或液体的物质。由于这种物质存在的多少，使烟叶外观上有油润或干燥的感觉。高质量的烟叶均有较好的油分感，其韧性强、弹性好，手握松开后恢复能力强。

6. 身份

指烟叶的厚度、叶面密度和单位面积质量的综合感受，而不是单纯的物理量度（厚度）的概念。身份适中（比烤烟要求薄）的白肋烟，具有较好的物理特性、耐加工性、内在质量和协调的化学成分。

三、白肋烟的生长环境

1. 海拔高度选择

我国白肋烟种植主要集中在湖北的恩施、宜昌地区，四川的巴中、达州地区，重庆的万州，云南的宾川等地，海拔均较高。总结多年的种植经验，结合有关的研究结果，湖北、四川、重庆等主要白肋烟产区应尽可能将白肋烟种植区域选择在海拔 800 ~ 1 200 m 的范围内，避免在海拔过高（超过 1 200 m）的区域种植白肋烟。

2. 种植地块选择

实行轮作是烟草生产中一项必需的措施，白肋烟也不例外，良好的轮作制度可以充分利用有限的土地资源以及温、光、水、肥气，调节和改善土壤肥力和土壤物理特性，减少病虫害，提高作物的产量和品质。

白肋烟的轮作原则与烤烟轮作原则基本相同。轮作时应周密考虑轮作年限和作物布局，做到因地制宜，合理布局，适当集中白肋烟的轮作年限最好在3年以上，且在适宜区域内选择土壤肥力中上等水平、排水条件良好、上季未种植过同科作物、远离菜园地的地块。

白肋烟严禁与其他作物间作。一般来说，也应避免与其他作物套种；如果必须套种，只能是早熟大麦或小麦与烟草套种，且要求麦田有适宜的种植烟草的预留空间形式。以麦类作物占幅宽的1/3、烟草占幅宽的2/3为宜，并尽可能选用早熟的麦类品种，缩短烟草与麦类作物的共生期。

第二节　白肋烟的施肥知识与移栽技术

一、白肋烟的施肥知识

土壤中的有效养分含量和动态变化过程，往往不能满足生产优质白肋烟的需要。因此，必须通过施肥措施，补充和调节土壤的各种养分，满足白肋烟生长发育的需要，以获得优质适产。

确定白肋烟的施肥量和施肥方法，要综合考虑品种特性及其需肥规律，土壤化学性质和物理特征，土壤的供肥能力，烟草大田生长季节的降雨量，以及肥料的化学特性等因素。

1. 肥料施用量

氮素在白肋烟植株生长发育过程中起着重要作用，氮肥用量过少，烟株生长中后期会出现脱肥现象，造成叶片营养不良，发育不全，减少产量，降低品质。而过多施用氮肥，不仅增加生产成本，造成浪费，而且导致叶片偏厚，成熟推迟，烟碱含量偏高，降低烟叶品质和烟叶的工业可用性。适宜的施氮量，可获得较高的烟叶产量和较好的烟叶品质。

白肋烟的施氮量受诸多因素的影响。因此，在确定施氮量时应综合分析各种因素，因地制宜地制定白肋烟适宜的施氮量。多年的生产实践和研究结果证明，湖北、四川、重庆白肋烟生产区的气候条件、土壤条件基本相同，氮肥施用量基本相似，只是根据地块的地理状况进行调节，一般适宜的施氮量为187.5 kg/hm²。云南宾川则是另一个气候、土壤类型的白肋烟产区，氮肥施用量也有所区别，适宜的施氮量为270 kg/hm²左右。

根据白肋烟生长特性，以及不同形态氮肥在土壤中的变化状况，白肋烟施用50%的铵态氮和50%的硝态氮，更有利于烟叶产量和品质的形成。

磷、钾的用量，通常是在确定氮用量之后，根据土壤状况，按一定的比例来推算。烟草对磷的吸收量较少，但由于磷在土壤中的移动性较差，利用率较低，所以在生产中磷的施用量往往与氮相当或更多一些。白肋烟为喜钾作物，对钾的吸收量较大，与氮素的吸收量基本接近，但钾素在土壤中容易被淋失，施入土壤后损失量较大。因此，白肋烟的施钾量相当于氮量的2~3倍。

一般来说，白肋烟施肥中，$N:P_2O_5:K_2O$比例1:1~1.5:2~3为宜，但应根据不同田块中土壤有效氮、磷、钾的含量以及不同年份的气候特征做相应的调整。除施入土壤足够的氮、磷、钾，满足植株生长发育需要外，还应根据烟区土壤养分供应状况，酌情补充中量、微量元素，以求土壤养分平衡。

饼肥的用量应以其氮量不超过总施氮量的20%为宜，饼肥中的含氮量应计入总施氮量计划中，而饼肥中的磷、钾则可不计入总施肥计划中。饼肥应经充分发酵之后方可施用。

2. 肥料施用方法

不同气候条件，不同土壤特性，其养分的释放与流失不同，植株的吸收状况也不同。必须采用不同的施肥方法，充分发挥肥料的效应，调节土壤对烟草植株的养分供应。

白肋烟长势强、成熟集中、需肥量大。从移栽至团棵，烟株处于前期生长阶段，生长缓慢，吸收能力较弱，对营养元素的吸收量较小；团棵期之后，烟草植株进入旺长阶段，需要吸收大量的养分以保证植株的正常生长、发育；成熟期则需要适当控制植株吸收养分，保证烟叶能适时成熟而不早衰。因此，白肋烟的施肥，一般采用基肥与追肥结合的方法，以基肥为主、追肥为辅，保证前期足、中期适、后期少。

（1）基肥

在移栽前，结合起垄施用，或在移栽时施用。在施用量上，磷肥的全部、氮肥和钾肥的2/3作为基肥使用，所需要补充的中量、微量元素也应全部作为基肥使用。在施肥种类上，发酵后饼肥、复合肥、各类磷肥均应作为基肥施用。基肥的施用一般是开沟条施或在移栽时穴施。为控制烟叶的烟碱含量以及烟碱与其他化学成分的协调性，在烟草生产的当季禁止施用农家肥。

（2）追肥

追肥是在烟草植株移栽之后，根据烟株营养需要所施用的肥料。一般只用氮肥和钾肥作为追肥，磷肥和其他从土壤中施入的中量、微量元素均不作为追肥使用。追肥的作用，首先可以根据烟株的营养特征，持续不断地供给烟株所需要的养分；其次，追肥具有很强的调节作用，是对烟草施肥计划的一种补充，可以根据烟草生长季节的降雨量状况、植株营养状况，调整追肥量。一般总施氮量、总施钾量的1/3留作追肥施用。

追肥的施用时期对白肋烟生长发育及烟叶质量的影响非常大，施用时期过晚，会推迟烟叶的成熟期，使其大田期延长，增加烟叶的烟碱含量，降低烟叶的工业可用性。因此，追肥一定要在规定的时期内施用，一般在移栽后15～20天内，分1～2次追施完；追肥的施用形式是在植株的两侧开沟条施或打孔穴施，无论是使用条施或穴施，均不能离烟株太近，以免肥料伤根。追肥的施用以距烟株10 cm左右、施用深度10～15 cm为宜。

（3）根外追肥

根据烟株生长情况，如在已完成施肥计划后，发现有明显的缺素症状，可采

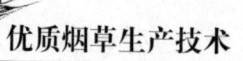

用根外追肥措施进行补救。根外追肥的主要种类有磷酸二氢钾及锌、钼、硼、锰等微量元素。植株对一些微量元素的需要量极少，根外追肥需应特别注意施用量及喷施浓度，以免引起对植株的伤害。

二、白肋烟的移栽技术

移栽是白肋烟大田栽培的重要环节之一。移栽期的早晚、移栽密度、移栽质量等对烟叶的产量和品质都有直接的影响。适宜的移栽期可以将烟草生长期安排在最适宜的气候条件下，充分利用有利因素，避开不利因素，满足白肋烟生长对环境条件的要求。

1. 移栽期

确定适宜的移栽期，必须考虑气候条件、种植制度、品种特性、育苗技术等因素。这些因素与移栽期的关系程度，在不同地区对烟草生长的影响程度不一样，因此，在确定移栽期时，应从当地的实际情况出发，了解各项因素对烟草生长的影响程度，使移栽时期真正做到"适宜"。

温度和降雨量是气候条件中的两个基本因素。烟草是喜温作物，日平均温度低于10℃时，生长缓慢。因此，白肋烟必须在日平均气温稳定在12～13℃、地温达到10℃以上且不再有晚霜危害时，才可进行安全移栽。同时，还要考虑烟叶在调制期间的温度条件，一般来说，白肋烟在调制期间要求天气晴朗少雨，温度16～35℃，相对湿度60%～80%。

降雨量和降雨的分布，也是确定烟草移栽期的重要因素。在烟草大田生长期间，月平均降雨量100～130 mm较为理想。烟草移栽时雨水稍多，有利于还苗；还苗后土壤水分略少，有利于伸根；团棵之后雨量充沛，可促进旺长；烟叶成熟期则要求雨量适宜，既要保证烟叶品质的形成，又要保证烟叶及时落黄成熟。

根据上述原则，结合我国白肋烟生产区的实际情况，白肋烟应在2月下旬至3月上旬育苗，5月上、中旬移栽，7月下旬至9月上中旬进行调制。

2. 移栽密度

确定适宜的移栽密度，应综合考虑品种特性、自然条件、栽培条件等因素。一般株型高大、叶片数多、叶片较大、茎叶角度较大、生长期长的品种，移栽密度应小些；而株型紧凑、茎叶角度较小、叶片较小、生育期短的品种，移栽密度则应大些。一般气候温和、雨量充沛、地势平坦、土壤肥力较高，种植密度宜小些；反之气温较低、雨量较少、地势较高、土壤肥力较低，种植密度宜大些。白肋烟生产中较合适的种植密度为行距1.2 m、株距0.40 ~ 0.45 m。

3. 移栽质量

（1）起垄

结合施用基肥，于移栽前10 ~ 15天起垄。白肋烟一般采用等行距方式起垄。具体操作是先按确定的行距在地面开沟约10 cm深，将配置好的基肥施于沟内，然后将表层土壤垄起，一般垄高20 cm左右。

（2）备苗

目前我国烟草育苗方式均为漂浮育苗、托盘育苗、营养钵育苗，烟苗的素质一般较高。移栽时应注意选择均匀一致的壮苗，剔除弱苗、带病烟苗。

（3）移栽

烟草的移栽一般采用手工移栽，"水栽"是较好的移栽方式，即先浇水后栽烟。在预先起好的垄上，按确定的株距挖穴，浇水入穴，趁水尚未完全渗下之前将烟苗栽入穴内，待水渗下之后覆土封掩，这种方式应用于先栽烟后覆膜的地区。在先覆膜后栽烟的地区，可采用"干栽"方式进行，即先栽烟，后浇水。

第三节　白肋烟的大田管理、收获与调制

一、白肋烟的大田管理

1. 大田保苗

烟苗移栽大田后，由于烟苗根系受到损伤，大田环境与苗床环境的差异，或受不良条件（气候条件、病虫害等）的影响，会对烟苗造成不同程度的危害，导致缺苗、弱苗的产生。缺苗或形成弱苗后，邻近烟株的营养面积和生长空间都会有不同程度的改变，田间梢株整齐度差，影响植株的正常生长发育，最终降低烟叶的产量与品质。

烟苗移栽后的前1 ~ 3天要及时查苗，发现缺苗、弱苗和病苗要及时采取措施，进行补苗或换苗。对于补栽的烟苗或弱苗，应加强管理，以施用偏心肥、偏心水的办法，使这类烟苗及时赶上植株群体长势，保证大田植株生长整齐一致。

2. 水分管理

水是白肋烟的重要组成部分，是植株体内进行各种生物化学反应的介质。

没有水，植株的生命活动就无法进行。水分过多或过少都会使植株的生命活动受阻，甚至停滞。因此，为了生产优质烟叶，必须根据白肋烟植株的需水规律，合理进行水分管理，为植株生长发育创造良好的环境条件。白肋烟大田生长期的需水规律与烤烟基本相似。

白肋烟烟田灌溉应结合天气、土壤、植株生长发育状况来综合考虑。烟田土壤含水量是灌溉的主要依据，一般烟田除植株伸根期（团棵期）可适当干旱外，其他生育时期土壤水分在最大持水量的60%以下时就应灌溉补水。从植株生长状况看，如中午植株叶片呈现轻度凋萎，傍晚时分恢复正常，说明植株暂时生理缺水，而并非土壤缺水；若凋萎严重，傍晚时分不能恢复，则表明土壤水分已不能满足植株正常的需要，必须进行灌溉。

白肋烟的灌水时间以傍晚或夜间为宜。因为傍晚或夜间气温降低，蒸发量减小，可以节约用水，同时可以减弱植株的呼吸作用，减少养分消耗，增加干物质积累。中午气温较高，时冷时热，容易诱发病害，对烟株生长不利，因此，烟田灌溉不宜在中午时分进行。灌溉方法也至关重要，好的灌溉方法，能使灌水分布均匀，水分得到合理使用。大水漫灌，耗水量大，浪费水资源。喷灌和滴灌是比较有效的灌溉方式，不但灌水均匀，而且能使水资源得到充分利用，是最经济的灌溉方式。

我国白肋烟主产区主要分布在湖北、四川、重庆山区，烟田一般不灌水。其原因一是这些地区在白肋烟大田生长季节雨量充沛；二是山区水源缺乏，灌溉条件差。

白肋烟生长虽然需要一定的水分，但土壤湿度过大或烟田渍水受涝，则阻碍植株根系生长和养分吸收，长时间渍水，会造成植株死亡。因此，在雨水过多的情况下，烟田排水也是水分管理的重要内容。烟田排水应根据土壤条件、地势情况进行。地势平坦而连片的烟田，合理设置排水沟，使烟田的腰沟、边沟、垄沟做到沟沟相通，及时清理各级排水沟，防止阻塞，保证在雨后雨水能及时排出烟田。

3. 中耕除草与培土

中耕除草和培土是白肋烟大田前期的重要管理措施。为了获得理想的烟叶产量与品质，必须使烟草生态系统中的每一个因素都能符合烟草优质适产的要求。中耕、除草与培土就是协调大田生长期间白肋烟与环境以及环境与各因素之间的关系，使烟株向着有利于优质适产的方向发展。白肋烟中耕、除草和培土的作用与方法，与烤烟基本相同。

4. 打顶与腋芽控制

白肋烟植株在花蕾出现之后，便转入以生殖生长为主的阶段，营养物质大量流向顶端，供应植株生殖器官的生长与发育。

以收叶为目的的白肋烟，在大田管理中，必须在适当的时期摘去植株顶端的花蕾或花序，调整烟株体内营养物质的分配，减少养分的无谓消耗。打顶之后，潜伏在每个叶腋中的潜伏芽会逐渐萌发。腋芽萌发的始期也是营养生长，会逐渐生长成新的分支，最终开花结果，这个过程同样也会消耗大量的养分。因此，对腋芽的生长也要及时加以控制。采用适宜的打顶技术和腋芽控制技术，有利于烟叶产量与品质的形成。

（1）打顶时期

不同时期打顶，对白肋烟的产量和品质有重要影响。适宜的打顶时期有利于烟叶的干物质积累，有利于形成较好的外观质量和内在质量。根据大量的研究结果和生产实践，以及我国白肋烟的生产水平，打顶时期应控制在初花期至盛花期期间。同块烟田应尽可能进行一次性打顶，以便使植株生长整齐一致、后期成熟一致。

（2）留叶数

留叶数的多少对烟叶产量、内在化学成分均有较大的影响。近些年的研究结果及生产实践表明，在正常生产水平下，我国白肋烟留叶数应控制在22～24片。在此范围内，烟株长势好者宜多，长势弱者宜少。

（3）腋芽控制

腋芽的控制方法有两种：手工抹杈和化学控制。手工抹杈：最好是在腋芽长至3～5 cm时就抹去，至少要做到每周一次。手工抹杈时应连同腋芽的基部一同抹去，所抹下的烟杈应及时清理出烟田外进行销毁。如田间植株感染花叶病等病害，手工抹杈时应先健株、后病株，以防人为传染病害。化学控制：所有适合于烤烟的化学抑芽剂均适用于白肋烟。

二、白肋烟收获与成熟度

成熟度是烟叶质量的重要标志，掌握好白肋烟的收获成熟度，采用正确的收获方法，对提高烟叶质量并保证烟叶产量均具有十分重要的意义。

1. 收获方式

白肋烟的收获有3种方法，即逐叶采摘收获法、半整株收获法、整株收获法。

（1）逐叶采摘收获法

按照烟叶的着生部位，自下而上逐片采收。依据烟叶成熟度，在烟叶成熟季节4～5次采收完成，每次采收4～5片烟叶。

（2）半整株收获法

烟叶进入成熟期后，依据烟叶成熟度，下部的4～6片叶分1～2次逐叶采收，剩余部分待上二棚叶片成熟后，一次性斩株收获，连带茎干进行调制。这种方法既可以保证下部叶有较好的产量，也可以保证中、上部叶调制后的烟叶质量。

（3）整株收获法

根据白肋烟成熟较集中的特点，待植株上二棚烟叶成熟后，一次性斩株收获，连带茎干进行调制。这种方法可以节省劳动力，但下部叶因过熟，会造成质量和产量的损失。

根据我国白肋烟生产状况，半整株收获方法是我国白肋烟产区适宜的收获方法。

2. 收获成熟度

烟叶收获成熟度在很大程度上决定了烟叶的品质。世界各烟叶生产国均把烟叶成熟度作为烟叶分级的第一品质要素。白肋烟也不例外，不同收获成熟度对烟叶质量和产量有非常明显的影响。烟叶在未熟或欠熟阶段收获，烟叶含氮化合物较高，调制较困难；调制后烟叶外观色泽灰暗、含青度高，或者叶面光滑，化学成分含量不适宜、不协调，缺乏白肋烟的典型风格，香气量少，青杂气重。过熟烟叶养分消耗多，干物质过度消耗，产量低；调制后烟叶在外观上光泽差、油分少、易破碎，烟碱含量较高，香气量减少。只有在烟叶适熟时收获，调制后烟叶外观质量好，化学成分含量适宜、协调，白肋烟香型风格突出，香气量多，燃烧性好，吃味醇和，烟叶工业使用价值高。

如前所述，半整株收获方式是我国白肋烟适宜的收获方式，其成熟度的要求则分为摘叶收获部分和斩株收获部分。摘叶收获部分成熟度：叶片呈浅绿至略带黄色，主脉基部由深绿转为白色。为保证下部叶的质量与产量，下部叶宜适时早收。斩株收获部分：上二棚叶呈明显的黄色，沿主脉两侧略带青色，叶面有明显的成熟斑点，叶尖下垂，叶肉凸起，茸毛脱落。其时间在植株打顶后的21～25天（具体时间要看烟株的生长状况而定）。斩株收获部分要求同一块烟田的烟株在烟叶成熟时，尽可能在较短的时期完成收获（集中收获）。

三、白肋烟的调制

白肋烟属晾烟，其调制是将收获的鲜烟叶装进晾房，在适宜的温、湿度及通风条件下，使烟叶进行一系列的生理生化变化，排出水分，完成饥饿代谢过程，促使烟叶的外观特征、物理性状、化学成分向有利于烟草工业要求的方向转化。白肋烟的调制是一个缓慢的过程，一般需要40~55天。

调制的基本任务是使白肋烟大田生长质量在一定条件下得到充分体现。调制条件不适宜，调制不当，大田生长质量不能充分体现出来，甚至会毁坏白肋烟的大田生长质量。

1. 调制设施

晾房是白肋烟的专用调制设施。我国白肋烟引进初期，没有建造专用的调制设施，一般是在房前屋后的屋檐下、树荫下进行晾制，无法调节烟叶的调制条件，不利于烟叶品质的形成。多年的试验研究和应用结果证明，在参照美国白肋烟生产区专用晾房建造原理的基础上，结合我国白肋烟产区的实际情况所设计的一种简易晾房是我国白肋烟生产中较为适宜的调制设施。

（1）建造晾房的一般原则。根据白肋烟的调制原理，晾房一般应建造在位置较高、四周开阔、排水良好的地段上。晾房的长边应面对调制季节风向，烟秆架与晾房的长边平行，穿烟秆的放置方向则与晾房的长边垂直，这样可以让空气自由穿过烟株而通过晾房。晾房建成之后，地面应能保持干燥。晾房的两侧面应有1/3的面积为活动的通风门窗，供调节晾房内的温、湿度条件用。实验证明，晾房的长度对空气流动的影响很小，可以根据地势和需要来确定晾房的长度。晾房的宽度对空气流动的影响很大，一般晾房的宽度为7.3 m。在高度上应是底层挂烟后，叶尖距地面至少要留有80 cm的空间，上面各层的空间应大于1.5 m。

（2）简易晾房的建造。参照美国白肋烟生产区标准白肋烟晾房的建造原理，结合我国白肋烟生产区的经济条件和资源，设计我国白肋烟生产适用的简易晾房。简易晾房的建造是木质框架结构（或土木框架结构），房顶用塑料膜覆盖后，再覆盖约4 cm厚的遮光物（麦秸、稻草或茅草等），四周用塑料布遮挡后，挂上编扎好的草帘等物。简易房的高度一般以挂烟两层为宜。晾房的长边墙上每隔120 cm应有60 cm宽的从上至下可活动开关的门窗（也可是将塑料膜或草帘卷

起通风）。简易晾房在白肋烟调制期间，既能使烟叶避免阳光照射，又能防止风刮雨淋，可以在一定程度上调节晾房内的温、湿度条件。

2. 调制技术

白肋烟的调制技术，在某种程度上可以说比烤烟的调制还要难。白肋烟的调制虽然在适用的晾房中进行，但由于晾房的特点，烟叶在调制期间所采用的调节措施应根据气候变化特点来确定。因此，白肋烟的调制技术不是一成不变的，而是要根据调制季节的气候特点来把握。

（1）调制过程

白肋烟的调制期可以分为三个时期：凋萎与变黄期、变褐期、干筋期。

①凋萎与变黄期

烟叶收获后便开始凋萎、变黄。以前曾经将凋萎与变黄分为两个时期，实际上烟叶在收获后，叶片凋萎的同时，变黄也已开始，叶片的凋萎与变黄是同时进行的，之间没有明显的界线。此时期应调节适宜的调制条件，使烟叶充分变黄，防止急干而出现青色烟。这个时期一般需要14~16天。

②变褐期

烟叶全部变黄以后，随着烟叶水分的继续散失，颜色进一步加深，由黄色逐渐向近红黄色、红黄色转化，同时使其固定下来。变褐期是烟叶香气形成的重要时期，除继续脱水外，烟叶内部发生一系列的生理生化反应，其中最为主要的是氧化反应。此时期应保持烟叶有足够的水分，防止烟叶急干而形成杂色烟。这个时期一般需要10~12天。

③干筋期

干筋期主要是烟叶的物理变化。烟叶中的大部分水分已排出，颜色已基本固定下来，烟叶的组织细胞结构已破坏，生命活动基本停止，一些酶类也没有明显的活性，仅叶片的主脉部分有较高的含水量。此时期的主要任务是及时调节烟叶的调制条件，尽快散失掉烟叶中多余的水分。这个时期一般需要21~25天。

（2）调制技术

白肋烟的调制是一个漫长的过程，其目的是通过调节晾房中适宜的调制条件，使烟叶的田间生长质量充分体现出来。白肋烟调制技术要点如下。

①穿烟

用于穿串斩株收获部分的穿烟杆一般长度为1 m，每根烟杆视植株生长状况穿烟4~5株。

②挂烟

收获后的烟株在装房时按晾房的垂直方向进行，即从上层至下层一个部分一个部分地垂直装满，避免横向装挂。注意保持装房的均匀度，一般每株烟间隔20～25 cm，同时注意挑选烟株的大小，保持装房整齐。

在烟叶的整个调制期间，应防止阳光照射及雨水淋湿烟叶，密切注意气候条件的变化，控制晾房通风门窗的开或关。

③温湿度调节

调制期间充分利用晾房门窗的开或关，将晾房内24小时的平均相对湿度调节至凋萎与变黄期70%～80%，变褐期65%～70%，干筋期45%～50%，温度均控制在16～32℃的范围内。烟叶调制的各时期强调的是昼夜的平均相对湿度，如夜间的相对湿度较高，白天则应将相对湿度调节更低些。

烟叶调制结束后，应立即下架并妥善保存。如果调制好的烟叶继续挂在晾房中，可能会重新吸潮而造成烟叶质量和重量上的损失，并且在烟叶出售之前应细心保管，以免烟叶与其他物质"串味"而产生"异味"。

④不适宜温、湿度对烟叶调制的影响

高温—高湿：烟叶干燥缓慢，甚至出现烟叶腐烂，产量损失较大，调制后烟叶颜色过深。

高温—低湿：烟叶干燥速度过快，可能导致烟叶出现杂色或微带青，调制后烟叶颜色较浅。

低温—低湿：海拔较高的地区经常出现，烟叶干燥速度较慢，调制后烟叶光泽偏暗。

低温—高湿：烟叶调制进程缓慢，可能出现烟叶腐烂，调制后烟叶质量较差。

⑤不利温湿度条件下采取的措施

湿度过高：首先晾房应建在通风良好的地方；其次采用日间打开晾房门窗散湿、夜间关闭门窗防潮的方法。如遇连续阴雨，通风尤为重要，应根据晾房情况适当调宽杆距与株距，必要时在晾房内铺上干燥的作物茎秆（如玉米秸秆等）以吸收水分；在可能的情况下使用热源等。

温度过高而湿度较低：为保持水分，应密闭晾房门窗，根据晾房情况适当减小杆距与株距，水分较大的烟株放在晾房下层。在特别干燥的条件下，可在晾房地面泼水以增加湿度；同时增加晾房屋顶遮盖物的厚度，减少光照传递的热量。

第九章　地方晒晾烟的栽培与调制

　　晒红烟是我国晒晾烟种植历史最长，分布最广，种植面积最大的烟草类型。据1986～1989年对23个省（自治区）普查，全国有164个县种植晒红烟，平均年种植面积14万公顷左右。目前，由于卷烟中使用晒红烟较少，国内晒红烟仍处于分散零星种植，但也有一些产地将晒红烟作为当地主要经济作物，种植较为集中，规模较大，如吉林蛟河、湖南凤凰、四川什邡等县。晒黄烟是我国晒晾烟种植面积仅次于晒红烟的一个类型，主要分布在广东、江西、湖北、福建等省的山区、半山区和丘陵区的一些经济不发达乡（镇）。目前种植较多、面积相对较集中的有广东南雄，湖北黄冈，江西广丰，广东封开等县。晒黄烟由于外观颜色、香气类似于烤烟，适用于烤烟型和混合型卷烟。

第一节　蛟河晒红烟

一、主要品种和栽培技术

　　1. 品种

　　主栽品种是延晒3号和漂河1号，其余有8 804、9 101等。延晒3号易感野火病；漂河1号是近几年培育的新品种，抗野火病，烟叶质量较好，是漂河镇等产区的主栽品种。

　　2. 育苗

　　采用大棚托盘假植育苗，3月下旬到4月初播种。烟苗进入大十字期（4～5片真叶，大约4月下旬到5月上旬）假植。

　　3. 大田选地

　　烟田要选在肥力较高的暗棕色土壤和黄壤土，实行3～5年轮作。

　　4. 施肥

　　基肥施纯氮180 kg/hm²，氮、磷、钾比例为1∶1.5∶2，并配施农家肥，全部肥料一次施入。移栽后20天左右，追施硝酸铵150~225 kg/hm²。

5. 移栽

移栽时间为5月下旬。起高垄栽烟，垄距（行距）80~100 cm，株距40~50 cm，栽烟16 000~20 000株/公顷。

6. 中耕

培土大田实行三铲四趟，一般栽后7天铲头遍，栽后15天左右铲二遍，栽后25天左右铲三遍。结合第三次中耕，打掉底脚叶3~4片，培土，垄高达到40 cm左右。

7. 打顶抹杈

现蕾期打顶，每5天抹杈一遍。单株留叶8~10片，根据地力和烟株长势，多留或少留1~2片。

二、采收与调制

1. 采收

成熟标准：当顶部叶片由绿转为黄绿色，叶面出现黄斑，主脉变白发亮时即已成熟。

采收方法：多在晴天上午，露水干后进行。从上向下分三次采收。第一次采收顶部2~3片；隔7~10天，采收中部2~3片；再隔7天采收剩余的3~4片。

2. 调制

（1）调制设备

晒烟绳：晒烟绳索为当地一种"茅草"制成。5月份将茅草割下，经浸泡，捶打后晒干。烟叶采收前将这种草绞成直径1 cm左右的粗绳，长20 m左右，两端各绑一个粗铁丝挂钩。禁止使用尼龙绳。

晒烟架：多为南北搭架。先清理出一块平地，在一端每隔4 m左右栽一根木柱，高度约2 m，每两根木柱上横绑一根木条相连接。纵向每隔20 m左右再栽一根木柱，形成一简单晒烟架。

（2）晒制

上架：烟叶采收后，每两片一对，背靠背穿入晒烟绳中，每穿满一绳，随即挂上晒烟架进行调制。上架后拉紧烟绳，使叶尖离地面20 cm以上。

捂黄期：上架后，烟绳间尽量靠紧，在上盖塑料薄膜捂黄，中午阳光强烈时，在塑料薄膜上再用席子或草帘遮阴。4~5天，烟叶变黄七成左右，即转入变

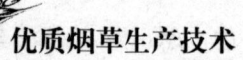

红期。

变红期：当烟叶变黄七八成后，去掉覆盖的塑料薄膜，拉开烟绳距离10 cm左右。晴天夜间也不盖，使烟叶"吃露"（吸收露水），早上轻抖烟绳，避免烟叶粘连，使烟叶吃露均匀。一般吃露3～4次，烟叶变红后不再吃露，否则烟叶颜色不鲜亮。

干筋期：烟叶变红后，白天拉开烟绳距（20 cm左右），接受阳光照晒，晚上又拉紧并拢烟绳，直到烟筋全干。

下架：烟叶晒制到烟筋全干后，一般在早上趁露下架。水分不超过18%。下架后用塑料布包好，放干燥处存放，待分级出售。注意存放处卫生，不与农药、化肥等存放一处。

第二节　凤凰晒红烟

一、概述

凤凰县地处湖南省西部。所产烟叶当地称为"草烟"，又名"拐子烟"。始种于明朝万历年间，至今已有400多年的栽培历史。主要集中在县城附近的南华山、齐良桥、官庄乡等62个村。20世纪80年代扩大至全县及临近县，种植面积达到3 000公顷左右。

凤凰晒红烟叶片较厚，颜色红棕，鲜亮，组织细致，油分足；香气量足，杂气轻；烟碱含量较高。多年化验评吸认为，总糖3%左右，烟碱5%～7%。1982年，原轻工业部烟草工业科学研究所研制的"821"淡味混合型卷烟，掺用了一定量的凤凰晒红烟，效果很好，焦油含量15毫克/支。

二、主要品种和栽培技术

1. 品种

主要品种是大花青、小花青和寸三皮等。其中以小花青品质最好，但抗青枯病能力较弱。

2. 育苗

传统育苗为露地高畦育苗。20世纪80年代以后，学习烤烟先进育苗方法，采用稻草圈营养钵两段式育苗，塑料薄膜覆盖。播种期由传统的上年11～12月播种，改为当年的2月上旬，缩短了苗床期。

3. 烟地选择

多数用生地，提倡开垦荒坡地种烟，但近些年也有连续种植。为避免青枯病，坚持实行2~3年轮作，前作一般多为油菜。

4. 移栽

移栽期多数在4月上中旬。行距80~100 cm，株距60~70 cm，种植15 000~18 000株/公顷。

5. 施肥

根据山区多雨的特点，在施足基肥的基础上，采用多次追肥的方法。一般施纯氮肥110~150 kg/hm²，氮、磷、钾比例为1：1：2。基肥占总肥料用量的60%左右，根据多年试验结果，基肥施用腐熟的桐油饼，烟叶色泽鲜亮，油分足，香气充足。因此，基肥用桐油饼1 500 kg/hm²，配合全部磷、钾肥。追肥一般进行三次。第一次在移栽后一周左右，用人畜粪水，加少量尿素提苗；第二次在移栽后15天左右，用人畜粪3 000~6 000 kg/hm²，兑水12 000~13 500 kg浇施，并进行中耕。第三次在移栽后30~35天，用人畜粪45 000 kg/hm²左右，兑水11 000~12 000 kg浇施。

6. 打顶留叶

一般现蕾期打顶，单株留叶数25片左右。烟株长势好，肥力充足的地块多留1~2片，反之少留1~2片。打顶后每5~7天抹杈一次。

三、采收与调制

1. 采收

成熟标准：当上部半数以上叶片出现"鱼鳞片状"花斑，叶面颜色呈黄绿色即可进行收割。

采收方法：传统的采收方法是选择晴天早上露水未干时，用利刀从株上部向下逐叶带茎割下，每片叶带5 cm左右长的茎（故称拐子烟）。20世纪80年代初，对带茎采收与不带茎采收进行试验，结果表明：不带茎采收的产量稍低，但烟叶质量稍有改进，且减少工业使用时对茎的处理。

2. 调制

（1）调制设备

晒烟绳：用稻草搓（或绞）成10~15 m长的草绳。晒烟棚架：由晒烟棚和晒

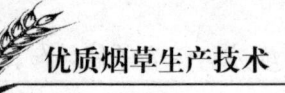

烟架组成。烟棚：用圆木或南竹搭成，一般宽8.3 m，进深5 m，棚檐高2 m左右。棚架上覆盖草或塑料薄膜，以防雨露，棚架四周不装封以便通风。

晒烟架：与烟棚紧密连在一起，延伸在晒烟棚外的简易晒烟架，由圆木做成。烟圈：用野藤或粗铁丝做成。晒场：一般选择向阳的草坪或收割后的稻田做晒场。如选择稻田，晒烟时应铺垫杂草或稻草，以防泥土玷污烟叶。

（2）晒制方法

晒制过程可分为上架晾晒、下地平晒和堆码三个阶段。上架晾晒阶段也就是变色期。

上绳（也叫夹烟）：将采收的烟叶按部位上绳，用烟绳把烟叶夹住，每格夹3~4片为宜，过多不易晒干。每格的叶片要尽量整齐一致。

上架晾晒：将上好绳的烟叶挂在烟架推杆的烟圈上，在烟棚内先晾2~3天，待烟叶凋萎并由绿变黄时，推出棚外，在晒烟架上拉开距离进行晒烟。晒烟时将每索烟推开6~9 cm，上午推开晒下午把烟索推拢靠紧，以便提高温度，促使烟叶内含物质分解转化，加快变黄。这样连续进行2~3天后，当叶片开始卷筒，并有80%变黄，就可下地平晒。

下地平晒阶段：使烟叶接受较强的阳光，以提高温度，进行定色和干筋处理。摊在地面平晒时，需一索压一索的叶尖，以免叶尖受光过强。随着叶片干燥和变黄程度的增加，要不断增大压叶面积，到最后把烟叶全部压住，只露出主脉和烟拐。摊在地面平晒的烟索，必须采取两面轮换翻晒的方法，使叶片受光均匀，定色一致。此时应注意不要失水过快，以防叶片变成白黄色而影响品质。在晒制过程中，上架晾晒和下地平晒，都必须是白天晒，晚上收回烟棚，严防淋雨。因被雨淋过的烟叶，颜色变黑，品质差。

堆码阶段：是将晾晒好的烟叶进行初步发酵处理，使油分、香味、颜色、水分均匀一致，提高烟叶品质，通过堆码后的烟叶，易保管，不易发生霉烂变质。烟棚内地面先铺塑料薄膜，再在薄膜上面铺一层稻草，然后再将晒干的成索烟叶堆码。堆码时，烟尖相压，烟拐各向两边，堆放时烟堆不宜过高，一般以1~1.3 m高为好。堆好后，在烟堆上覆盖稻草，再用木板压在烟堆上，木板上还可加一些重物。堆放时间长短不限，一般7~10天即可分级交售。

第三节　南雄晒黄烟

一、概述

南雄晒黄烟始种于明末清初，至今已有400多年的历史。主要种植在南雄东北部的乌迳、孔江、大塘、新龙、黄坑等乡镇。年种植面积3 000公顷左右，近年来种植面积下降，年种植面积只保持在1 300公顷左右。

南雄晒黄烟属半晒半烤类晒烟。烟叶颜色淡黄、金黄，色泽鲜明，组织结构尚细致，油分较足。多年化验结果，烟碱含量2%左右，糖分含量在20%以上，钾含量较高，而氯含量很低。评吸认为属近烤烟型，香气较好，杂气较少，燃烧性强，灰白。适宜作混合型和烤烟型卷烟的原料。

南雄地处广东省东北部。年降雨量1 500 mm左右，年平均温度19℃左右，日照1 800小时左右，无霜期290天以上。

南雄晒烟多种植在低丘陵缓坡地的紫色砂页岩风化而成的紫色土上。这种土壤结构疏松，排水良好，有机质、氮、氯含量较低，而磷、钾含量高。

二、主要品种和栽培技术

1. 品种种植

品种主要是青梗、黄壳、大食王三个品系的青梗、黄壳烟、铁板青、81-26四个品种。这些品种抗青枯病、黑胫病、花叶病，但易感白粉病。

2. 育苗

传统育苗一般是上年11月上中旬裸种播种育苗。现在有的开始用营养袋育苗。

3. 移栽

一般2月下旬移栽。一垄双行，行距1.0 m，株距60 cm左右，种植16 500株/公顷。

4. 施肥

原则是重施追肥，轻施基肥。一般用农家肥6 000～7 500 kg/hm²，烟用复合肥180～220 kg/hm²作基肥。移栽后3天内，分2～3次追肥，每次用复合肥150 kg/hm²左右，磷肥37.5 kg/hm²，花生麸（饼）或菜籽麸（饼）300 kg/hm²，结合追肥进行

大田培土，垄高达到30 cm以上。

5. 打顶留叶

传统采用扣心打顶，留叶数根据土壤肥力和烟株长势而定，一般单株留叶16～20片。

三、采收调制

采收：移栽后60天左右，当下部叶的叶尖变黄时开始采收下部叶。从下向上摘叶采收。到上部剩余7～8片叶时，一次性逐叶带茎割下。采收多在早晨进行。

调制：南雄晒黄烟属半晒半烤的晒烟，其调制特点是先晒后烤再晒。

1. 调制设备

烟夹：用竹篾编成长1.8 m，宽65 cm左右的晒烟夹子。两片烟夹为一对，供夹烟用。

烟炕（烤房）：烘烟床宽1.8 m，长3.0～5.0 m，中间放两根木梁作支撑，梁距地面77 cm，距边墙40 cm。梁下设两行炭炉（炉距30 cm），用木炭（近年也有用煤）生火供热。

2. 调制方法

上夹：采收后的烟叶在室内放软，然后划骨（把主脉划破）。把划骨后的烟叶鱼鳞状铺在一片烟笪上。第二片烟叶的叶边不能盖住第一片烟叶的主脉；铺第二层烟叶时，叶尖只能盖住第一层烟叶主脉的1/3。铺满后盖上另一块竹笪，用竹针将竹笪和烟叶别牢。

晒制：烟叶上夹后，近中午时将两副烟夹背向外架成20°夹角在太阳下曝晒约2天，将烟折收拢，用麻袋盖上捂黄。至下午3～4时，阳光强度减弱，再将烟折架成40°左右夹角曝晒，至傍晚将烟折收回靠拢。如此反复2～3天，至烟叶变黄七成左右，烟叶变软，再上炕烘烤。

烘烤：一般以下午5～6时装入炕房。将烟折横向直立密堆在横梁上，用绳拉紧，以防烟折倾斜。点火后温度由35℃左右升到40℃左右，使烟叶变黄八九成，再升温到55℃左右定色，维持5小时左右，再升温到60℃左右干筋。整个烘烤过程15小时左右。

有些烟叶，尤其是上部烟叶，经烘烤后主脉未全干透，因此下炕后将烟折竖立或平摊曝晒，先晒叶背再晒叶正面，使烟筋干透。

第四节　黄冈晒黄烟

一、概述

黄冈晒黄烟始种于明末清初。主要集中在该县东北部山区和中部的丘陵地带，常年种植面积1 000公顷左右。黄冈晒黄烟颜色多淡黄，色泽鲜亮，筋小叶薄，组织细致，油分较多，填充能力好。总糖含量10%左右，烟碱1.0%～1.7%，评吸结果认为香气较浓郁，杂气轻，劲头适中，属半香料烟类型，适宜于混合型卷烟和烤烟型卷烟使用。

二、主要品种和栽培技术

1. 品种

当地主要栽培品种有千层塔和九月寒。以千层塔种植面积较大，烟叶质量较好，但易感黑胫病。

2. 栽培技术

轮作：当地传统晒烟实行"三年六季"的耕作制度。

移栽：一般元月中旬播种，4月下旬至5月初移栽。起埂（垄）栽烟，行距80～100 cm，株距30～40 cm，种植27 000～30 000株/公顷。

施肥：当地传统晒烟种植重视饼肥的施用，尤其是菜籽饼肥。一般施腐熟菜籽饼肥750 kg/hm^{2}作基肥。移栽时用老墙土30 000 kg/hm^{2}壅烟根。近年来，除施用饼肥外，也用化肥，但控制纯氮22.5 kg/hm^2，氮、磷、钾比例1:1.2～2.0:2～2.5，但仍强调有机肥要占总用肥量的70%。

打顶留叶：现蕾打顶，单株留叶16～18片。每5天左右进行一次抹杈。

三、调制

黄冈晒黄烟为折晒烟，调制技术与其他折晒烟相似。其不同点在于黄冈晒烟采收后，先在晾棚内用木板逐叶拍打烟叶主脉（俗称拍筋），要求不伤叶肉，

做到柔而不烂、破而不碎以加快调制期间主脉失水。拍打烟筋后，依叶片大小分开上折，一般一副烟折铺两排，叶尖向内，叶柄向外，叶片半边重叠，不盖住主脉。上折后在太阳下晒制，第一天在下午3时后晒，傍晚收回晾晒棚内，平叠堆放约1.0 m高。第二天露水干后出晒，可以全天晒，但中午阳光强烈时要陡起烟折，以防叶片晒焦，晚上收回棚内平叠堆放。第三天晒叶正面，直到主脉晒干。然后收回烟折，将烟叶捆成捆，堆放在通风干燥处，烟堆上用塑料薄膜盖严。

第五节　广丰晒黄烟

一、概述

江西省广丰晒黄烟分深色与淡色两种。深色晒黄烟又称"金黄"，叶片宽大，厚薄适中，颜色金黄，组织细致，油分足，弹性强，香气足，似白肋烟香型；淡色晒黄烟又称"白黄"，颜色黄白色，光泽鲜亮，烟味浓，劲头大，油分稍欠。适宜于混合型卷烟和烤烟型卷烟。

二、主要品种和栽培技术

1. 品种

广丰晒黄烟的主要品种是铁骨烟。叶小片薄，颜色黄白，光泽鲜明，烟碱含量3%～4%，香型似烤烟，有杂气。

2. 栽培技术

选地：选择紫泥土旱地，实行三年轮作制。

施肥：主要施用有机肥，特别强调施用饼肥。一般施火土灰15 000～22 000 kg/hm²作基肥，移栽后用人粪尿10 000～15 000 kg/hm²兑水浇施作提苗肥，烟株进入团棵期后，用猪牛栏粪15 000～22 000 kg/hm²，菜籽饼或桐油饼750～900 kg/hm²围施或埋在两株烟中间作追肥，促旺长。

移栽：一般3月下旬移栽，行距80 cm左右，株距40 cm，种植20 000～30 000株/公顷。

打顶留叶：习惯见花打顶，单株留口18～20片。

三、采收调制

采收：成熟度标准近似烤烟。采收方法，从下向上逐叶采收。腰叶及以下分3次采收，每次采收3～4片，余下上二棚和顶叶8～10片叶一次采完。

调制：广丰晒黄烟为折晒。烟叶采收后上折（笪），上折（笪）方法与其他晒烟相同。烟笪上满后，每天上午10时至下午4时左右，将烟笪叶背朝外（向着太阳），两副烟笪搭放成"人字"形，放置于晒场南北向曝晒。当晒到烟叶表面无水发皱时，收集20～30副烟笪叠并一起，斜靠屋檐下墙边，待叶片变为黄色时，再搬到晒场斜晒，直到叶片晒干，叶色固定。然后将烟笪背朝上，整天平放于晒场上直晒，直到主脉晒干。

第十章　其他晾烟的栽培与调制

晾烟是品种较多的一种类型，包括白肋烟、马里兰烟、雪茄烟、地方性晾烟等。目前在我国除白肋烟种植面积较大，卷烟工业使用较多外，其余种植规模较小。本章重点介绍马里兰烟和雪茄烟。

第一节　马里兰烟

一、概述

马里兰烟原产于美国马里兰州，因地名而得名，是美国古老的一种烟草类型，主要用于斗烟、嚼烟等。我国于20世纪80年代初引进马里兰609，在安徽、湖南、湖北、吉林等省试种，目前湖北五峰、四川什邡、安徽临泉、浙江桐乡等地仍有部分种植。

二、品质特点

马里兰烟颜色多深黄、棕黄，叶片较薄，组织结构较疏松，填充性好，燃烧性强，持火力好。据国外报道，马里兰烟的烟碱含量比白肋烟和烤烟低，一般为2%左右，糖分含量与白肋烟近似，还原糖含量一般0.2%左右，焦油含量比烤烟低。国内生产的马里兰烟的烟碱含量比国外高，安徽和湖北的马里兰烟的烟碱含量均在3%左右，其他化学成分与国外接近。经评吸表明，国内马里兰烟有明显的椴木型香味，香气量尚足，劲头稍大，稍有杂气。综上所述，马里兰烟适宜于低焦油混合型卷烟。

三、栽培技术

马里兰烟栽培技术与烤烟、白肋烟相似，主要技术如下。

1. 选地

从美国和国内种植的结果看，马里兰烟适宜种植在表土为细沙壤、黄壤、黄棕壤，心土为砂黏土忌连作。

2. 施肥

根据马里兰烟的质量要求，氮肥用量比白肋烟少，与烤烟相近。美国推荐施氮量为67～100 kg/hm²，磷为67～100 kg/hm²，钾为224 kg/hm²。国内以饼肥等有机肥为主，辅以化肥。安徽和湖北一般施饼肥450 kg/hm²左右，复合肥225 kg/hm²左右，厩肥等农家肥22 000 kg/hm²左右。施肥方法一般是将农家肥、饼肥作基肥，移栽前结合起垄条施。移栽后3周左右用化肥兑水追施。

3. 移栽

移栽期以当地气候条件而定，一般气温稳定在12℃以上即可移栽。因此，我国南方烟区多在3月中旬，黄淮烟区4月中旬，东北烟区则在6月上旬移栽。美国多为正方形移栽定苗，行距90 cm，株距60 cm左右，植18 500株/公顷左右；国内多为三角形定苗移栽，行距90 cm，株距40～50 cm，植22 000～27 000株/公顷。

4. 打顶

马里兰烟为烟碱含量较低的淡色薄叶，打顶较晚，美国习惯盛花期打顶，有的甚至到挂进晾房时再摘除花枝和腋芽。我国打顶稍早，在初花至盛花期打顶。

四、采收与调制

1. 采收

在美国，马里兰烟为斩株采收。即当腰叶以上多数叶片落黄，出现明显成熟斑时，用刀将整株烟从茎基部砍下，在田间凋萎2小时左右，然后用一根长约1.2 m的木杆，从每株烟基部10～20 cm处穿过，每根木杆串6株烟，挂入晾房晾制。

在我国，马里兰烟的采收有两种方法：一种是与烤烟采收方法相同，逐叶采收。从下向上，每次每株采收2～3片；另一种是参照白肋烟的采收方法，半整株采收，即下二棚及以下烟叶，分2～3次逐叶采收，腰叶以上烟叶，待上二棚烟叶成熟落黄时，将烟株砍下，挂入晾房晾制。

2. 调制技术

晾房：美国马里兰烟种植历史悠久，有专用晾房。我国种植时间短，规模小，多数是利用空闲民房，有的搭建简易晾棚。无论民房还是晾棚，基本要求应

当有较多窗户，以调控房（棚）内温湿度。

调制：马里兰烟属晾烟，整个调制过程在晾房内完成。据试验，气温在16～32℃，相对湿度在60%～80%的范围内均可晾制好烟叶，但以气温24～27℃，相对湿度65%～70%最好。

变黄期：关闭门窗，控制温度24～26℃，相对湿度80%～90%，烟叶全部变黄。

变棕期：温度控制在25～30℃，相对湿度80%～85%，使叶片干燥。

干筋期：加强通风使烟筋干燥，控制相对湿度45%左右，温度30℃以上。

在晾制过程中，尤其在后期，遇连绵阴雨，晾房外湿度大于室内时，要严闭门窗，防潮气侵入。反之，则开启门窗，加宽绳距（杆距）以利通风散潮。

调制后处理：烟叶完全晾干后，于清晨或夜晚，把晾房门窗打开，让烟叶自然回潮。半整株晾制的烟叶回潮后，下架，按部位剥叶，然后扎把堆积发酵；逐叶采收的烟叶，干燥回潮后，连绳上堆发酵。最后分级扎把。

第二节　雪茄烟

一、雪茄烟的概念

雪茄烟是卷烟产品的一种类型。传统概念的雪茄烟是指全部由烟叶制成的圆形或方柱形烟支，最里面是芯叶，包卷在芯叶外的是内包皮叶，包卷在内包皮外面的是外包皮叶。近代，随着科技的发展，国外广泛采用烟草薄片代替内、外包皮叶，也有用特殊卷纸代替内包皮叶的。目前除烟芯全部是以烟叶为原料外，内、外包皮可以是烟叶，也可以是烟草薄片，或是特殊卷纸。因此，凡具有雪茄型香气和烟味的烟制品，统称为雪茄烟。自1992年以来，雪茄烟在美国的消费一直呈现非常好的势头，并导致世界范围内的短缺。

二、雪茄烟原料的分类及质量要求

雪茄烟原料，按其在雪茄烟支中的用途，分为外包皮烟、内包皮烟、芯烟三大类，每一类的质量要求不同。

1. 外包皮烟

叶形较宽，完整度好，叶片薄，支脉细而不突出，组织细致，叶片颜色青灰、浅棕、红棕、深棕均可，但以色浅为好，光泽鲜亮。弹性好，拉力强，燃烧均匀且完全，灰白紧卷。对香气、吃味无特殊要求，以不影响雪茄烟的香气、吃味即可。

2. 内包皮烟

约占雪茄烟支总重量的15%。质量要求与外包皮烟相同，但强调有雪茄烟的香气和吃味。

3. 芯烟

约占雪茄烟支总重量的75%，对雪茄烟的质量起决定作用，因此要求具有典型的雪茄烟香气和吃味。颜色均匀，有光泽，填充性好，燃烧性强，灰白紧卷。

我国雪茄烟原料全部为地方晒晾烟。对一个产地的晒晾烟叶，是外包皮烟还是内包皮烟或芯烟，要依据烟叶质量符合哪一种用途而定。

三、雪茄烟原料的主要栽培调制技术

雪茄烟的主要原料为晾烟和晒红烟。适宜作雪茄烟的晒晾烟的栽培调制技术本章已有部分介绍，这里仅就雪茄烟三类烟叶（外包皮、内包皮、芯叶）栽培技术的不同要求简述如下：

1. 选择适宜种植区

主要考虑土壤、降雨、日照等条件。

土壤：雪茄包皮烟叶要求种植在质地疏松，自然排水良好的轻质土壤上，而芯烟则要求种植在比较黏重和肥沃的土壤上。

降雨：雪茄外包皮烟要求叶片较大，较薄，组织细致。因此要求大田生长期内有较多的降雨，较高的温度和湿度，而芯烟和内包皮烟则要求降雨较少。如苏门答腊东海岸外包皮烟产区，月平均降雨177 mm以上，而古巴凡尔他阿巴乔芯烟产区，月平均降雨不足50 mm。

日照：以外包皮烟要求较为特殊，在日照强度较弱的条件下能获得较好的烟叶质量。为此，美国采用人工布幕遮阴栽培外包皮烟。苏门答腊东海岸在4-6月份的大田生长期有30%～40%的白天是阴天。我国桐乡采用桑园间作，也有少数采用布棚遮阴。

2. 种植密度

外包皮烟种植密度稍大于烤烟，芯烟和内包皮烟则相当于或略小于烤烟。苏门答腊外包皮烟为30 000株/公顷，美国康涅狄格州遮阴栽培的外包皮烟为30 000～32 000株/公顷，美国宾夕法尼亚芯烟为15 000～16 000株/公顷。我国四川什邡种植密度为30 000～33 000株/公顷，浙江桐乡为20 000～24 000株/公顷。

3. 施肥

雪茄烟原料烟叶生产总体施肥量比烤烟多，尤其是外包皮烟需肥量多。一般雪茄外包皮烟需氮180～200 kg/hm^2，磷110～220 kg/hm^2，钾220～330 kg/hm^2。

4. 打顶留叶

一般来说，雪茄烟打顶早，留叶少。内包皮烟（留叶15～18片）和芯烟（留叶12～16片）打顶早，打顶部位低，通常将花头连同其下的3～4片烟叶一起打掉。而外包皮烟打顶时间晚，打顶部位高，有时甚至不打顶或者开始采收时才将花去掉。

5. 采收

雪茄烟的采收成熟度标准没有烤烟明显，尤其是外包皮烟可稍生采收，这样采收的烟叶调制后颜色较深，更有弹性和韧性，光泽鲜明，但燃烧性稍差；芯烟可更成熟些采收。芯烟和内包皮烟一般在移栽后70天左右采收，当叶色变为淡绿色时，砍株收获；外包皮烟是从现蕾时（移栽后45～50天）开始从下部采收，逐渐向上，每周采1次，每次采3～4片，直到全部采收结束。

6. 调制

我国雪茄烟烟叶大多都采用晒制法，少数采用晾制法。国外普遍采用晾制法。晾制法必须建晾房，传统晾房宽约12.2 m，长18.3 m，侧壁高6.1 m，"人"字形屋顶。在侧壁上，沿全侧壁装有用铁链固定的垂直门提供通风，门的面积不小于侧壁的1/3，最好为1/2。具体调制方法因各产区传统习惯和气候条件而异。晒制法参照索晒或折晒方法，晾制法参照白肋烟方法。

第十一章 现代烟草农业探索与实践

第一节 标准化是现代烟草农业的切入点

农业标准化是我国农业和农村经济工作的一个重要理念和管理方法，推进农业标准化，就是要以农业科学技术和实践经验为基础，运用简化、统一、协调、优选原理，把科研成果和先进技术转化为标准，在农业生产和管理中加以实施应用，实现农业生产从农田环境、投入品到生产过程的全过程控制，从技术和管理两个层面提高农业产业的素质和水平，推动传统农业向现代农业转变。实现经济效益、社会效益、生态效益的有机统一，从而提高农业竞争力。可以说，烟草农业标准化已经成为我国发展现代烟草农业的一个重要切入点。

现代烟草农业的产生和发展，大幅度地提高了烟草农业劳动生产率、土地产出率和烟叶商品率，使烟草农业生产、烟区农村面貌和烟农行为发生了重大变化。现代烟草农业对标准化提出了更高的要求，机械化和集约化要求对烟草生产全过程制定出相应的农业技术要求与操作规程，其中包括对农机和农艺的要求。农机和各项农业技术有机结合、合理规范，才能实现现代烟草农业的科学发展、协调推进。

烟叶标准化生产，是烟叶产区紧密结合当地实际情况，科学构建包括烟叶产前、产中和产后各个环节的技术、管理和服务标准体系，同时通过对各类标准的宣传和技术指导，使大多数烟叶生产者掌握并执行标准，从而提升烟叶生产整体水平的一项重要工作。实践证明，烟叶标准化生产是实现规模化种植、集约化经营、专业化分工、信息化管理的重要基础；是保障创新成果转化、提升烟叶生产技术和管理水平的基本前提；是保证大企业、大品牌战略稳步实施的重要手段；是现代烟草农业生产的主要特征之一。国家烟草专卖局高度重视并大力推进烟叶标准化生产工作，先后组织46个烟叶产区参加了由国家标准化管理委员会组织的六批国家级烟叶标准化生产示范区（以下简称示范区）的建设。这些示范区在国

家烟草专卖局的直接领导下，在所属省级烟草专卖局的精心组织和有关技术支撑单位的具体指导下，在当地人民政府及质量技术监督部门的积极配合下，扎实工作，正在发挥着重要的示范和引领作用。

一、烟草农业标准化的重要意义

1. 标准化是烟草农业生产社会化发展的需要

烟草农业生产的社会化必须要以技术上的统一与广泛的协调为前提，而标准恰是实现这种统一与协调的手段。标准能为烟草农业生产过程建立最佳秩序、提供共同语言和相互了解的依据，它是从全局出发，又考虑到各方面的利益，在充分协商的基础上建立的。目前，全国有近400万烟叶种植户，由于烟农在受教育程度、掌握相关技术水平等方面存在有差异，这种差异又将直接影响到烟叶质量的稳定，影响到烟农的收入。而标准化的生产模式正可以解决这一问题，从而提高烟叶生产技术水平、稳定烟叶质量、增加烟农收入。所以，一定要从解决"三农"问题的高度重视并搞好烟叶标准化生产。

2. 标准化是烟草农业生产可持续发展的需要

烟草农业生产的可持续发展，很重要的一点是不断开发推广经济、适用的农业机械，发展农机社会化服务，降低烟草农业生产成本。要按照节能减排的要求，发展节油、节水、节肥、节种、节药和资源综合利用的节约型农业机械，大力推广秸秆机械化综合利用、高效植保、保护性耕作等环保型机械化技术。但是，目前我国农业机械在节能减排方面还有很大差距，缺少相应的技术和标准；保护性耕作技术及机械化技术标准研究滞后，不能有效地规范和指导生产。为适应烟草农业生产可持续发展的需要，必须重视技术和标准的共同研究，充分发挥标准在规范和指导生产中的作用。

3. 标准化是烟草农业生产协调发展的需要

烟草农业生产协调发展要求农机和农艺有效结合，不再是各自为政。标准化的任务就是科学规范地制定农机和烟草农艺的技术要求和操作规程，科学高效地指导生产。标准化生产的显著特点就是要做到"技术要求统一、管理模式统一、相关标准统一"，以有效地防止科研成果在推广过程中的"变形""走样"。同时，针对广大烟农文化水平不高的实际情况，通过标准化工作可以将一些复杂的技术问题简单化，从而有效指导烟农生产。我们高兴地看到，众多的技术先进、符合当地烟叶生产实际的科研成果都在示范区得到了推广应用，有的还辐射到周边烟区。我们就是要通过推广烟叶的标准化生产，加速先进、适用科研成果的转化，从而有效促进我国烟叶生产技术水平的稳步提高。

4. 标准化是行业可持续发展的需要

行业的健康平稳可持续发展离不开标准化工作的有力支撑。特别是目前行业通过深化改革、联合重组之后，企业实行了多点生产。为了保证多点生产产品质量的一致，更需要标准的统一。为此，必须加强对多点生产同一品牌、同一规格卷烟质量的均质与稳定的研究，要制定针对性强、具有指导性和可操作性的标准以指导相关工作。没有标准，或有标准但落实不到位都是"无标"生产，都不能保证多点生产同一产品在质量和风格上的一致，最终的结果很可能是自己打倒自己。2004年，国家烟草专卖局组织制定了《卷烟品牌许可生产质量保障通则》行业标准，这项工作得到卷烟企业的高度重视，大家积极参与研究和验证。2008年，该标准经国家烟草专卖局发布实施，使卷烟品牌许可生产的相关工作纳入了科学化、规范化、标准化的轨道。目前，行业产量在100万箱以上的优势品牌卷烟都是通过多点生产实现的。最近，国家烟草专卖局组织人员就该标准的执行情况进行了实地调研，从总体看，该标准在指导企业有效开展品牌许可生产方面发挥了重要作用。

二、烟草农业标准化存在问题

烟叶标准化生产，是烟区紧密结合当地实际情况，科学构建包括烟叶产前、产中和产后各个环节的技术、管理和服务标准体系，同时通过对各类标准的宣传和指导，使大多数烟叶生产者掌握并执行标准，从而提升烟叶生产整体水平的一项重要工作。但是，目前烟草农业标准化方面存在较多问题。

1. 烟草农业标准化工作意识淡薄，观念滞后

各级烟草部门并没有把烟草农业标准化工作摆上议事日程，加快烟草农业标准化的意义和紧迫性，也没有被普遍认识，广大烟农对烟草农业标准化知识知之甚少。这些因素的共同作用，使得标准的积极作用难以发挥。

2. 烟草农业标准的总体水平与我国烟叶生产大国的现实情况不相适应

我国是烟叶生产大国，但由于烟叶生产技术标准落实率低，烟叶原料在卷烟中的工业可用性较低，造成我国卷烟质量控制较差，不同批次之间卷烟质量吸食

风格差异明显。另外，我国烟叶的国际竞争能力还比较弱，在国际市场上难以与烟叶出口大国津巴布韦、巴西抗衡。印度等其他烟叶生产国也对我国烟叶的国际市场竞争构成威胁。

3. 标准修订不及时

标准制定以后，必须根据生产环境、生产技术以及国内外市场需求变化进行及时修订，这样才能保证标准的实用性和可操作性。许多国家的农业标准3～5年就修订一次，而我国近2万项国家标准中，超过10年未修订的高达7 000多项。

4. 烟农分散经营，烟叶生产标准推广和实施难度较大

据资料统计，我国农民户均耕地不足0.5公顷，因此烟叶生产组织方式大多是一家一户的分散经营，如果不投入大量的人力和财力，烟草农业标准化的知识就无法普及到每家每户，即使每家每户都接受了标准化的知识，烟草部门虽然统一购买种子、化肥、农药等生产资料，但难以按统一的标准组织生产，控制和把握烟草农业生产过程的主要环节，这无疑加大了烟草农业标准化推广和实施的难度。

5. 烟草农技推广人才缺乏，技术储备不足

烟草农业标准化要在广大烟区推广，必须有一支特别能干的烟草农技推广队伍。然而，现实情况是，由于得不到重视，工作条件差，待遇偏低，烟叶生产推广部门留不住人才，技术推广队伍极不稳定。与此同时，在许多地方，烟草农业标准化工作机构、研究机构和专业队伍尚未完全建立起来，一些烟草企业也缺少贯彻执行标准的检验检测设施。

三、烟草农业标准化工作发展历程

多年来，农业标准化工作经历了从"抓两头"到"以产品为龙头，成龙配套"的综合标准化转变过程。烟草行业的专卖体制和产供销一条龙的优势，适应了农业综合标准化对产销全过程进行管理的要求。在农业综合标准化的试验总结过程中，烟草系统发挥行业优势，总结出了"三化"为原则的配套栽培、管理措施和行之有效的收购管理措施。福建的龙岩、辽宁的凤城、广东的南雄、贵州的余庆等"三化"生产水平突出的烟草公司，被选为农业综合标准化的试点，为本地的农业综合标准化开辟了道路。1986年全国农业综合标准化经验交流会以辽宁凤城的烟田为现场进行观摩。1991年第二次全国农业标准化会议上，潍坊烟草公司以"依靠科技强化服务实现烤烟生产综合标准化"为题做了典型发言。

1990年国家技术监督局发布国家标准《综合标准化工作导则》，从技术上确立了综合标准化。随后陕西、江西的烟草部门与技术监督部门合作制定了本省的烟叶综合标准体系。1995年国家烟草专卖局、国家技术监督局和中国烟叶生产购销公司联合在河南的郏县和贵州的湄潭建立全国烤烟综合标准化示范区，1996年又在《关于烟叶综合标准化及其示范区实施工作的通知》中对烟叶综合标准化提出了指导意见，目前示范工作仍在进行。

烟叶标准化始于20世纪60年代初，设计、试行烤烟国家标准试行方案（17级）。1965年在北京召开了第一次全国烟叶样品审定会。1982年实施的《烤烟》和《烤烟检验方法》两项国家标准和配套的烟叶实物样品，是我国第一套国家烟叶标准及配套样品。随后又制定了《白肋烟》和《香料烟》国家标准。这3个烟叶分级国家标准成为烟叶标准化的基础和核心。目前《烤烟》国家标准已制定、修订3次，42级国家标准正在全面实施。从1982年至今，国家技术监督局和国家烟草专卖局在收购季节联合对国家烟草标准的执行情况进行监督检查，已经形成制度。

四、烟草农业标准化工作现状

行业标准化工作起步于20世纪80年代中期。当时，行业还没有专门的机构从事标准化工作的管理。1992年，国家烟草专卖局在北京市烟草专卖局设立了行业的标准化研究室，1995年将该室更名为"中国烟草标准化研究中心"，并设立在郑州烟草研究院。2004年8月，国家局决定在科教司设立标准化处，切实加强这项工作。

全面推进烟叶标准化生产的总体目标是：2008年，主产烟区中60%以上的产区要实现标准化生产；2009年，主产烟区中80%以上的产区要实现标准化生产；2010年，全国90%以上的烟叶产区要实现标准化生产，烟叶品质总体上满足卷烟工业企业和出口的要求。

2008年上半年，全行业要依托现有的烟叶生产技术员队伍，建立起千余人的、能有效指导烟叶标准化生产的技术骨干队伍。到2010年，这支骨干队伍要扩大到5 000人以上（即平均每200公顷烟田至少要有1名贯标骨干人员），以有效指导相关标准的贯彻和落实。

2008年底前，各烟叶产区要紧密结合本地区实际情况，遵循科学、系统、先

进、适用、全覆盖、有实效的原则，构建起能有机融合国家、行业和地方标准，覆盖烟叶生产各个环节的综合标准体系，制订并完善相关标准。国家烟草专卖局鼓励有关单位制订并执行严于国家和行业标准的地方或企业标准，鼓励有关单位在紧密结合当地烟叶生产实际情况的前提下，制订并执行与国际先进水平接轨的标准。

从2008年开始，各烟叶产区要着力组织开展相关标准的宣贯和落实。要通过系统的技术培训、技术指导和综合考评，使大多数的烟叶生产者能够按照相关标准实施生产，从而实现从烟草育苗到烟叶交易全过程的规范化、标准化，切实为烟叶生产的规模化种植、集约化经营、专业化分工、信息化管理和减工增收提供支撑。

五、现代烟草农业标准化建设的实施途径

1. 提高烟区烟草农业标准化意识

应开展形式多样、通俗易懂的农业标准化知识普及工作，大力宣传标准化在烟叶生产中的作用；依托农业推广组织和农村教育系统，组织开设烟草农业标准化课程，举办重要标准的讲座，增强烟农、烟草公司的标准化意识；充分利用各种新闻媒体，大力宣传加快烟草农业标准化的意义和紧迫性，把产前、产中、产后按标准实施生产变成每个企业和每个烟农的自觉行动。

国家烟草专卖局有关部门要加强对烟叶标准化生产工作的领导和组织，并负责对工作实效进行综合考评和检查；各有关省级烟草专卖局主要领导要切实加强对这项工作的具体指导，要把烟叶标准化生产的实施效果纳入对所辖烟区地市级公司年度工作考核的主要内容，严格考评，确保相关工作的落实；省级烟草专卖局标准化工作归口管理部门和烟叶生产管理部门要密切合作，共同组织并落实相关工作；中国烟草标准化研究中心、烟草农业标准化技术委员会和各有关科研单位要在技术服务与指导等方面提供有力支撑。

2. 加强烟草农业标准的制定、修订、实施与监督

围绕烟草农业标准的制定、修订、实施与监督等关键环节，从管理、技术与生产实践等层面入手，加速烟叶生产产前、产中、产后的标准化建设。积极引进适用的国际标准，建立由烟草农业投入品标准、烟叶质量标准、烟叶安全标准、烟叶生产经营规范标准，以及配套支撑标准组成的烟草农业标准体系。同时，应

以实施《农产品质量安全法》为契机，在现有烟叶质检体系的基础上，突出产地环境监控、投入品质量监管、生产技术规范、市场准入、市场监测等关键环节，建立从田间到市场的全过程控制、运转高效及反应迅速的烟叶质量安全管理体制。另外，注重市场引导与培育品牌相结合，让烟农从烟草农业标准化的实践中受益。烟草农业标准化，效益是动力。要想烟草农业标准化搞得好，提高烟农收入是关键。因此，应以市场需求为导向，用标准化提升烟叶的质量安全水平，积极培育烟叶名牌，按标准化组织生产、加工和销售。

3. 切实加强烟草农业标准化人才队伍建设

应制定切合实际的人才培养计划，区别不同层次，采取培训教育与工作实践相结合的办法，着力培养能够适应和胜任不同管理岗位、不同生产领域需要的多元化人才队伍。加强对从事烟叶质量标准工作的技术人员和管理人员的培训。特别要从烟农中培养烟草农业标准化工作的积极分子和带头人。同时，还应增加投入，为烟叶生产技术推广人员创造良好的工作环境和生活条件，以调动他们的工作积极性，使他们的聪明才智充分发挥出来。实践证明，烟叶生产技术推广人员在烟草农业标准化工作中的作用是不能低估的。

各相关省级烟草专卖局要着力打造一支综合素质高、业务能力强、常年服务于烟区、能有效指导贯标工作的技术骨干队伍，特别要注重在烟叶生产者中培养一批标准化生产的骨干，使他们在成为新型的、职业化烟叶生产者的同时，也成为推进烟叶标准化生产的引领者、带动者。各烟叶产区要充分发挥科研院所和高等院校的技术人才优势，采取多种形式，积极开展旨在大力普及烟叶标准化生产知识、强化相关人员的标准意识、指导广大烟叶生产者真正掌握并切实执行相关标准的贯标工作。各有关省级烟草专卖局和烟叶产区要加大相关工作经费的投入。

4. 选择和确定烟草农业标准技术模式

要在对现有生产模式充分进行调查研究的基础上，组织有实践经验的农机、种子、土肥、植保、水利等方面的有关专家和技术人员，选择和确定技术模式，并分别制定出烟草种植、管理、收获、烘烤和收购、储存等全过程的技术路线、要求、手段和规程。有条件的烟区还应该聘请科研、教学和上级技术部门的有关专家进行技术咨询和论证，形成指导现代烟草农业的要求和规程。

5. 开展标准化烟草农业示范区建设工程

选择示范区既要考虑有代表性的，又要考虑自然条件相对好的，还要考虑

各方面投入有保障的。有代表性的示范区一旦成功，就会辐射带动一大片。自然条件好的示范区实验成功的概率高。各方面投入保障也很重要，有保障则无后顾之忧。各烟叶产区所在省级烟草专卖局要切实发挥示范区的引领作用，要通过以点带片，以片带面，实现全面推进、整体提升。各有关省级烟草专卖局要积极采取走出去、请进来等多种形式，交流、学习、借鉴并推广辖区内或其他省（自治区、直辖市）烟叶标准化生产的先进经验，促进整体水平的提高。

6. 烟叶生产的各个阶段及有关技术要有机结合

要实现烟叶生产的高效发展，烟叶生产的各个阶段及有关技术就要有机结合，不能各自为政，而是应该坚持共同进步、谁先进以谁为主的原则。最突出的例子就是农机和农艺的问题。农机和农艺必须有效结合，才能实现烟草农业机械化的全面、协调和可持续发展。结合发展对农机管理与技术工作者提出更高要求；首先，要拓宽烟草农业技术知识领域。烟草农机人员要学习和掌握烟叶生产有关方面的专业知识，对于新技术和新品种要随时关注，并能提出机械化应对措施。其次，要结合产业结构调整的发展战略要求，有重点、按步骤地通过积极引进与推广农机化新技术，逐步提升现代烟草农艺技术水平，加快现代烟草农业发展步伐。

工业发展的历史表明，工业化大生产是近代标准化工作的"孵化器"和"推进器"。工业社会化和标准化相辅相成，这一理论同样可应用于烟草农业社会化大生产，但是烟草农业标准化生产在我国还刚刚起步，需要有一个长期探索的过程，以及各级烟草部门的共同努力。总之，标准化生产是现代烟草农业发展的必由之路，烟草农业标准化必将为烟草农业生产力带来跨越性大发展。

第二节 科技进步是现代烟草农业的内在要求

一、科技进步是生产力发展的内在要求

科学技术是第一生产力。它揭示了科学技术是推动现代生产力发展的最活跃的因素和最主要的力量，揭示了科学技术在现代社会生产中的先导作用。以蒸汽机技术为标志的第一次科技革命，使英国率先从农业、手工业中分离出来，走上了工业化道路；以电力为代表的第二次科技革命，使美国等一些资本主义国家农业劳动生产率大幅度提高，第一产业的比重逐渐下降，国民经济快速增长成为后

起之秀；以信息技术为代表的第三次科技革命，又将人类由工业经济时代引入到知识经济时代。人类社会发展的实践充分证明了科学技术已成为第一生产力观点的正确性。"人才是第一资源"，是科技进步的根本，更是科技创新的关键，要坚持以人为本，强化抓科技就是抓经济，抓创新就是抓发展的理念。

现代烟草农业是在传统烟草农业基础上科学发展起来的，具有规模化种植、集约化经营、专业化分工、机械化装备、信息化管理的理念和方式，是基础设施完善、科技体系健全、营销运行高效、管理科学、资源节约、环境友好的高效产业。其具体表现在以下几方面：一是基础设施不断完善；二是科技服务网络比较健全；三是烟农种烟的组织方式不断创新；四是技术成果普及率明显提高；五是产业化生产经营水平得到提升。

二、科技进步体现了现代烟草农业的基本特征

1. 科技服务网络比较健全

我国基层烟叶生产技术人员近615万名，山冈丘陵烟区每13.3公顷、平原烟区每20公顷有1名技术人员长期驻扎在农村，提供各类专业化、社会化服务。

科研管理部门和研究机构实力较雄厚，有西南、东南、中南、东北、华中5个烟草农业试验站，有国家烟草栽培生理生化试验砌究基地和中国烟草育种研究（南方、北方）中心，有烟气化学实验室、烟草化学实验室、卷烟工艺实验室、栽培研究实验室等。大部分产烟省市和重点产区有烟草科研所，基层烟叶工作站既是技术辅导站、培训站，又是技术推广站，这样，从上到下，从实验室中的基础理论研究到田间地头的技术辅导形成了一个粗具规模的烟草农业技术研究推广体系。同时，依托行业内外科研院所和大专院校，进行联合攻关，在烟草品种选育、烟田土壤改良、改善烟叶品质、烟叶减害降焦技术体系研究、烟草农业机械研究等方面，获得国家级、省部级烟草农业科研成果551项，占行业科技成果1 701项的33%，对烟草农业科技进步发挥了积极作用。

构建了全国烟草病虫害三级监测机构，建立烟草病虫害发生趋势监控和预警机制，规范烟草农药管理，进行统防统治。目前全国建立了1个一级测报站，17个二级测报站，193个三级测报站。

2. 烟农种烟的组织方式不断创新

推行各类专业化分工和社会化服务，组织建立平衡施肥专业队、病虫害统防

统治专业队、密集烘烤专业队、分级服务专业队，普及应用烟草病虫害统防统治和化学抑芽技术，实行开放式的技术合作，提高了烟农的组织化程度。扶持发展育苗专业户，推广集约化育苗技术，积极实行商品化供苗；培育农机专业户，补贴烟用农业机械，积极推行机械化整地、起垄、施肥、覆膜和移栽技术；发展烘烤专业户，示范推广集约化烘烤技术。对有完善生产设施、具一定文化素质的种烟大户，实行倾斜政策，保持基本烟农队伍稳定的同时，解决种植分散、效益低而不稳、风险承担的问题。

3. 技术成果普及率明显提高

烟草品种育、繁、推一体化，种子生产、加工、供应产业化，种植品种优良化、布局区域化，为中式卷烟原料生产提供大量种质资源，形成了烟叶原料区域特色技术标准，实现了良种良法配套栽培。集约化育苗、商品化供苗，提高了烟苗素质，减少了育苗用工，降低了劳动强度。目前全国烟草集约化育苗比例90%以上，商品化供苗60%以上。烟草平衡施肥技术的研究，以GPS、GIS为主的现代信息技术为支撑的烟草营养研究与养分综合管理体系，完成了全国245个主产县218万个土样的21项指标测定及植烟土壤养分的空间差异分析，建立了279个产烟县包含近300万个数据的主要烟区土壤类型、土壤养分、土壤物理性状空间分布的数字土壤模型，以及烟草气象数据库。基本完成了植烟土壤养分分区评价，设立了专家咨询系统，构建了"系统诊断、优化配方、技术组装、科学管理"的平衡施肥信息系统。烟农只需按照烟草公司提供的专用肥量施用，就能满足烟株发育所需的营养平衡，极大地减轻了技术复杂程度。烟草生长发育需水规律和烟田水分运转规律的研究，明确旱地雨水汇集、存贮和高效利用技术，优化烟田灌水技术，科学制定灌溉时间和水量，指导烟农及时进行烟田灌溉，保证烟株开榜开片、上部叶充分展开和正常成熟，发挥烟、水、肥的技术耦合作用。密集烘烤配套技术研究与应用，依据"三段式"烘烤工艺和生态条件、烤房类型、烟叶素质等因素，设计自控烘烤设备（包括自动加煤），实现调制过程的自动控制，简化调制技术，使得烟叶烘烤轻松简单，减轻烟农劳动强度。

4. 产业化生产经营水平得到提升

依靠科技进步，实现了我国烟草农业生产的三次转变，为提高烟叶产业化水平提供了新的途径。第一次转变发生在20世纪80年代中期，从种植多叶品种和产量增长型向以"三化"生产为主的质量改进型转变，实现了烟草行业从"数量短缺型"向"产量、速度、效益型"发展的战略。品种优良化，逐步改变了我国种植品种多、乱、杂的无序状况；种植区域化，加大了种植布局的调整力度，使种植区域进一步优化；技术规范化，使烟叶生产常规栽培技术得以全面落实。第二次转变是在20世纪80年代中后期到20世纪90年代中后期，突出解决烟叶"营养不良、发育不全、成熟不够、烘烤不当"的技术问题，烟草农业生产从质量改进型向优质、适产、高效型转变，实现了烟草行业从"产量、速度、效益型"向"质量、品种、结构效益型"发展的战略。这次转变坚持"市场—卷烟—烟叶"的烟草经济基本规律，切实解决卷烟企业介入烟叶生产不到位的问题，"两烟"结合求发展，实现工商"双赢"，把联办烟叶基地作为第一生产车间。第三次转变始于20世纪90年代后期，以适应国际市场需要、适应中式卷烟配方需要为目标，以商业企业为主体、工业企业为主导、科研单位为主力，突出烟叶质量的可用性和特色品质，重视烟草农业生产先进实用技术成果的综合应用，开展部分替代进口烟叶的技术研发，逐步替代进口烟叶在我国卷烟配方中的作用。通过实现这次转变，使我国烟草业在经济全球化迅猛发展的世界潮流中，实现"大企业、大市场、大品牌"的发展战略。

三、影响现代烟草科技进步的主要问题

1. 烟草农业科技进步贡献率和转化率低

我国烟草农业科技整体水平与国外相差10～20年，发达国家的烟草农业科技成果转化率在60%左右，我国仅有30%～40%。究其原因，主要受限于四方面的约束。

第一，受限于大农业生产资源匮乏程度有增无减的约束。耕地资源不断减少，水资源紧缺，烟草农业与粮食作物、经济作物、特色农业和设施农业发展争夺生产资源的矛盾十分突出。

第二，受限于烟草农业基础条件差的约束。与欧美先进国家相比，烟草农业综合机械化水平仍落后30～50年。

第三，受限于烟草农业科技自主创新能力差的约束。烟草农业科学研究和科技推广经费占行业生产经营总值的比重不足0.2%，科研经费投入少，基础研究和应用基础研究薄弱，自主创新能力不足。科技服务推广能力弱，基层科技推广体系设施落后、功能不强、服务弱化，缺乏自我发展后劲。农村劳动力科技

素质偏低，也在一定程度上减弱了对技术创新的需求和对新技术成果的吸收消化能力。

第四，受限于体制机制不健全的约束。目前我国种烟农户数量约350万户，户均种烟面积不足0.333公顷。烟草农业生产规模小，组织化程度不高，难以适应集约化经营的需要。鼓励节约资源、保护生态环境的政策导向机制没有建立。在农村，没有形成节约资源、保护环境的发展理念，缺乏鼓励大农业、烟草农业和农村节地、节水、节能、节电和保护生态环境的具体政策措施，更缺少投入政策支持。

2. 烟草农业科技进步的影响力相对较弱

烟草制品是吸烟人群的一种特殊消费品，在吸烟与反吸烟的矛盾中，虽然烟草行业以其特殊性承担起了沉重的社会责任，但其备受质疑和指责的现状没有改变。这种地位的特殊性，使烟草农业科技进步的社会公认度受到影响。

我国烟草农业科技服务的传统模式没有突破：一是现有科技体系企业行为的单向性、烟农被动性服务方式没有改变，技术水平低；二是新兴的各类烟草农业科技服务组织技术辐射源弱、覆盖面小、发展慢，技术到位率低；三是烟草农业技术研发能力相对不强，有的研究内容与烟草农业的需要存在偏差，科技成果转化率不高；四是烟草农业科技服务的各级主体、各种资源、各个要素缺乏有效整合，特别是集研究、生产、销售和使用四个环节有机结合的农化技术一体化服务没有形成整体优势；五是作为烟叶的需求市场——工业企业或进出口公司缺乏有效的科技信息需求反馈机制，烟叶生产与市场需求不相适应。目前我国烟草农业科技服务体系不能完全适应烟叶、烟农、烟区经济协调发展的需要，更不能适应新农村建设和现代烟草农业发展新形势的需要。

烟草农业技术基础研究和高新技术研究不仅薄弱而且滞后，生产与科研脱节和科研落后于生产实际的问题依然突出。烟叶质量目标"趋同化"，主要技术措施雷同，区域性质量特色不突出，烟叶香气质不高、香气量不足，未从根本上突破提高烟叶品质的研究。种植品种比较单一，后备品种匮乏，现有烟草种质资源利用不充分。产区烟草农业资源配置不合理，植烟土壤恶化的趋势未引起足够重视。烟草农业机械研究进程缓慢。

随着现代科学的发展，各种学科的交融越来越多，烟草农业科研作为农业科学的分支，理应融入大农业的研究之中，单一研究限制了烟草农业的发展。如烟草病虫害综合防治尤其是生物防治研究急需加强，现代烟草农业发展战略研究更是迫在眉睫的问题。

科技进步的评价体系建设相对滞后。烟草农业科技进步是劳力、土地、资金、物质和科学技术等投入因素，在生态、经济和社会各系统相互作用而发生转化的结果。我国缺乏烟草农业科技进步的评价体系，技术成果的应用效果没有判定依据，难以形成技术应用的激励机制，一定程度上制约了科学技术转化为现实生产力。

传统农业生产方式制约着科技进步。我国农村土地以家庭承包、统分结合的经营方式将在较长时间存在，烟叶产区多数分布在老、少、边、穷和山冈丘陵区，土壤相对瘠薄，零星分散种植，基础设施较差，水利设施建设落后，灌溉条件恶劣，难以实行机械化作业，影响着烟叶生产技术推广，制约了整体生产技术水平的进一步提高。基层技术人员激励政策不到位，工作条件差，享受待遇低。技术职称只评不聘，缺乏科技贡献的考核、激励机制，导致技术人员不能安心于工作，没有工作自觉性、积极性和创造性，甚至想方设法要脱离技术岗位。

四、现代烟草农业科技进步的思考

1. 完善投入机制，逐年增加科技经费投入

烟草行业作为烟草农业科技进步投入的主体，要充分利用国家对科技投入的各项优惠政策，完善投入机制，逐年增加科技经费投入，强化技术研发和推广力度，提高自主创新能力。对急需解决的关系烟草农业科技进步的重大课题，组织行业内外专家进行联合攻关，开展技术应用、技术集成和成果转化工作，保证科研项目对生产经营实践活动的服务性、实效性、指导性。全面推行烟草农业科技研发与应用课题制运作模式，充分发挥行业科学技术委员会的作用，改变科研立项行政审批制，实行专家评议制，实行重大科技项目公开招标制，实行科研成果有偿竞价转让制，建立课题负责人"信誉"档案。通过组织实施重大科技攻关项目，培养人才，锻炼队伍，提高技术研发与推广应用水平，改善烟草行业技术研发与应用现象。严格项目经费预、决算制度，强化经费使用的监督管理，建立项目绩效评价体系，确保资金使用科学合理、规范有序、专款专用，提高科研经费使用效率，取得项目预期效果。

2. 开展市场经济条件下烟草农业科技服务的体制和机制建设研究

深入剖析当前我国烟草农业科技服务体系建设中存在的问题及其原因，借鉴

国外烟叶农技服务的成功经验。按照体制创新、机制创新、职能创新、服务手段创新的思路和要求，以体制创新和机制创新为动力，整合科技服务体系中的各级主体、各种资源、各个要素，充分调动人的积极性，通过提高科技水平、延伸产业链条、引进现代要素、强化市场机制，探索构建创新型烟草农业科技服务体系的主要模式。加速科技创新步伐，推动科技成果快速转化和产业化进程，满足新时期烟农、烟叶和烟区经济发展的需求，强化现代烟草农业的技术支撑和制度保障，实现传统烟草农业向现代烟草农业的转变。

3. 调动技术人员的工作积极性

切实保障基层技术人员的工资待遇和职称评定，积极推进技术职务评聘相结合的管理办法，改革和完善分配政策，加速培养优秀科技人才队伍。对于烟草农业技术骨干，可以采取送到高等院校、科研单位进行培训的方式，提高其整体技术素质和技术应用能力，培养和造就一批烟草农业技术骨干和带头人。改革技术骨干管理办法，实行归口管理和技术责任制。以技术骨干为核心，建立技术普及推广网络。鼓励基层技术人员开展科技开发、科技承包和技术服务，实行奖励政策。加大国家烟草专卖局《关于加强烟叶技术推广队伍建设的实施意见》和《国家烟草专卖局关于加强烟叶基层建设的决定》的贯彻落实力度，明确和保障基层人员的劳保、意外保险等基本待遇，调动技术人员的工作积极性，增强其岗位责任意识、主观能动意识、敢于创新意识和服务烟农的意识。针对烟草农业科技服务以烟草企业为主、科研和教育单位为辅、多种渠道并存的特点，以县烟草公司、烟站科技服务为主体，采取灵活多样的技术培训和服务方式，提高烟农素质。

4. 健全技术普及推广的指挥体系

制定技术政策，树立具有协调领导、组织群众、管理队伍、解决技术和管理等问题能力的技术权威。杜绝在实用技术上摇摆不定、决策不力，在关键技术上争论不休、投入不到位，调整技术规范，解决技术棚架。围绕改善烟叶香、吃味和可用性、增加有效供给水平，建立和推行烟叶技术专家磋商机制，明确不同卷烟档次烟叶配方的质量指标，解决生产、收购和流通环节的技术脱节问题，为提高生产水平、规范质量管理、改革配方技术、提高烟叶配伍性，提供共享的资源信息、优化资源配置。烟草农业科技在形成自己完整体系的同时，应主动与自然科学、社会科学、技术科学、经济科学相结合，以拓宽烟草农业发展的体制、机制和政策等战略决策，提高科学技术管理水平。坚持研究与开发相结合、行业内外科研力量相结合、国内外科技交流相结合、人才培养与知识创新相结合的原则，强化烟草科研院（所）的组织与管理，增强科技进步的系统管理和层次管理、有序管理和有效调控手段，建立重点明确、优势互补、层次清晰、系统推进的烟草科技研发和推广应用创新体系，克服低水平重复投资和重复研究，全力解决烟草农业生产急需解决的重大技术问题，避免"技出多门"，把现有烟草科研院（所）建成集科学研究、技术引进、技术创新和技术推广为一体的烟草经济技术实体，真正形成能与国际同行交流、抗衡的研究成果，实行技术有偿使用，加速科技成果转化。

5. 加强重点技术的研发和应用

坚持常规育种与生物技术综合运用相结合的手段，通过深化种质资源的鉴定与利用、基因表达和分子标记辅助育种技术等研究，培育适应不同生态类型区种植的优质抗病和低有害成分的新品种，为提高我国烟叶质量奠定种植基础。

研究分析当前国内外烟叶市场的需求和发展趋势，依据生态类型区划进行烟叶品质特征类型区划和品种类型布局区划，分类型、分区域制定配套栽培技术标准，建立中国烟叶原料保障体系，满足发展中式卷烟的原料配方需求。

深入研究烟草营养代谢机理，促进烟株营养均衡吸收，提高肥料利用率，改善烟叶品质，降低生产成本。研究烟田覆盖栽培技术、土壤改良技术、以烟为主的种植制度，运用生物技术、育种技术和遗传改良技术，降低烟叶有害前体物。

积极开发仿生农药、生物农药及害虫的化学诱杀技术，改善植烟环境，减少农药残留，提高烟叶质量和安全性。

开展生物技术、信息技术、循环经济等新技术研究。重点明确品种、大农业生产、生态条件、技术措施和质量观念与烟叶质量的相关关系，掌握烟叶质量现状及变化动态，确定改善烟叶品质的目标、技术和工作对策。重点是集约化育苗基质和设备，烟草移栽机、植保机具、自动编杆机，烟田起垄、施肥、覆膜、中耕机械，密集烘烤设施与配套工艺的研究及开发；烟草农业环境调控、高产高效栽培设施农业、多功能农业机械技术研究与应用，发展专业化生产示范村，提高烟草农业劳动生产率和资金投入产出率。

6. 加强烟草农业综合标准化科技示范基地建设

以产烟市（县）为主体，以高等院校、科研单位为技术依托，与卷烟企业密切结合，积极协商标准化管理部门和地方政府参加，一手抓标准体系的研究制订，一手抓标准体系的正确实施，进行事前、事中、事后全过程控制，解决各环节执行标准的技术脱节问题。改变传统技术观念，搞好典型引路、示范带动，推进烟草农业整体生产水平提高。实行烟叶质量类型区划和品种布局区划，把握不同产区烟叶质量特点、影响因素、关键技术、存在问题及其原因，做到面积稳定、产区稳定、质量风格稳定。从有利于增加烟农收入、有利于改善烟叶质量、有利于充分利用自然优势、有利于烟区长远发展的角度，突出烟田土壤改良技术、旱作栽培技术，解决烟田连作、套种、使用含氯肥料，以及不利的生态条件对烟叶产质和效益的影响。烟田合理施用优质、高效有机肥，推行绿肥掩青，实行秸秆还田，培育生产优质烟叶的土壤环境。坚持以农业措施为主、辅助以化学药剂防治的植保方针，减少烟草病虫害发生造成的损失。

7. 研究制订科学合理的现代烟草农业科技进步的评价体系

构建烟草农业科技进步评价体系，把烟草农业科技进步从理性认识转变到实际操作，从定性描述过渡到定量考核，增加科技进步的绩效考评内容权重，客观地反映产烟区科技进步现状。

一是科学性原则。评价体系指标的设计应主要反映科技进步的内涵要求，准确揭示科技进步的本质，突出科技的先导作用，反映科技进步促进烟草农业发展的事实。

二是导向性原则。通过评价体系指标的建立与监测，突出科技进步的导向作用，强调科技投入和成果转化，激励和引导科技进步，提高种烟收益、简化技术难度、降低劳动强度、减少种烟风险，促进烟草农业可持续发展。

三是可比性原则。选择含义明确、标准一致的监测评价指标，建立动态可比和横向可比的评价体系。

四是可行性原则。评价指标既要符合科技进步监测与评价的目的，更应有数据支持，所需数据也要容易获取。

五是分级建立的原则。由于产区烟叶总量和科技部门的设立不同，应分级、分类建立评价指标。依据构建科技进步评价体系所遵循的基本原则，需要明确的主要评价指标应包括组织领导、经费投入、科技项目、队伍建设、烟农培训、技术推广与服务、科技进步贡献率、技术专利、技术标准、技术成果等内容。各项指标可以设置不同的权重，明确基本要求，按照统一的计算模型进行评价。

科技进步评价体系的两项保证措施：一项是坚持年度的监测、检查和考评，如果缺乏监测、检查和考评，评价体系就不能发挥应有作用，就无助于指导实际工作。另一项是对各产区、研究所、推广站的评价结果同绩效考核挂钩。法人代表是本地区、本单位烟草农业科技进步的主要推动者，只有把评价与考核结合起来，才能把产区和法人代表的积极性调动起来，才能真正促进现代烟草农业的科技进步。

第三节　机械化是建设现代烟草农业的迫切需要

烟草生产机械化是烟叶生产现代化一个重要载体，是先进生产力的重要标志，是发展现代烟草种植、稳定烟草种植面积、增加烟农收入的有效途径，大力发展机械化生产是现阶段提高烟草种植面积的现实选择。

我国烟叶生产的耕、种、收机械化水平逐年提高，其中烟田起垄机拥有量较大。但其他如烤烟机械由于价格高等因素的影响，推广速度很慢，难以适应烟叶生产发展的需要，成为制约现代烟草农业发展的瓶颈。

一、机械化是烟草适度规模经营的需要

为落实现代烟草农业发展思路，目前急需扩大户均种植烤烟规模一倍以上。但由于缺乏劳动力，难以满足扩大烟区的需要，所以迫切要求推广适用机械，改进生产方式。

目前，我国烟草规模化种植的面积不断增加，呈现良好的发展势头。例如，山东省烟草农场化种植面积已占全省烟草种植面积的20.6%，种植规模达1.33公顷以上的种植大户已占全省的10%以上。黑龙江省经过对农户烟草种植面积的不断积极调整，全省单户种烟面积由原来的0.91公顷发展到目前的1.86公顷。由此可见，烟草规模化种植有利于机械化作业，机械化作业为规模化种植又提供了强有力的支撑。

除烟草农场化种植外，各地不断优化烟草生产布局，调整产业结构，使烟草种植区域逐步向连片区域集中，实现规模化种植。云南省2公顷以上连片烟田面积占全省种烟面积的85.5%；黑龙江省6.67公顷以上连片烟田面积占全省种植面积的27%，连片种植面积达到12 830公顷；辽宁省烟草种植集约化示范区占全省种烟面积的13%。烟草连片种植为实行机械化耕作提供了方便，也降低了专业化服务成本和生产成本。

二、机械化是广大烟农的强烈愿望

烤烟属技术密集型、劳动密集型产业,种植烤烟劳动强度大,机械化水平低,除部分农户用旋耕机耕地外,画线、起垄则全靠人工和畜力。对于广大烟农来说,提高生产效益是种植烟草的最大动力,而提高烟草生产机械化水平则是降低生产成本、提高种植效益的有效手段。据统计,2004~2007年,我国烟农人均收入逐年提高,但由于劳动力成本不断增加,烟农为减少雇工用量而提高了自身的实际劳动强度。烟农收入的增加主要是由于自身的劳动和烟草公司的适当补贴。与此同时,烟农对烟叶纯收入期望值水平也逐年提高,以湖南省为例,2004~2007年,烟农对烟叶纯收入期望值分别为31 500元/公顷、33 000元/公顷、37 500元/公顷、42 000元/公顷。这就对降低烟田劳动强度、提高烟田产值提出了更高的要求。

由于受劳动力外流务工现象的影响,烟农队伍目前以老年和妇女为主,青壮年比例逐年降低。这样的从业人员结构已不能承担传统烟草生产方式的繁重劳动强度,这增强了烟农对烟草生产机械化的需求。目前,各烟草产区正在推广烟农职业化,实质上是将烟农从小生产者转化为现代烟草产业链上的产业工人,提高烟农整体素质。这不仅是专业化分工的深层次表现,也是发展烟草生产机械化的重要环节。

三、机械化是全面推行烟草标准化生产的需要

生产上,耕作、起垄、施肥、铺膜、喷灌、剪叶等环节的新机械正在试用和推广,从而大大降低了重要工序的人力成本,缓解了关键农时的人力矛盾,同时为烟叶生产标准化的推进提供了物质保障。烟草农业生产的可持续发展,很重要的一点是不断开发推广经济、适用的农业机械,发展农机社会化服务,降低烟草农业生产成本。深入研究烟草机械与烟草农艺技术,推出适合烟草农艺技术的烟草机械标准化生产技术规程,从而促进烟草行业的健康发展。

目前我国烟草农业机械在生产应用方面还有很大差距,缺少相应的技术和标准,保护性耕作技术及机械化技术标准研究滞后,不能有效地规范和指导生产。为适应烟草农业生产可持续发展的需要,稳定提高烟叶生产水平和烟叶质量,必须重视烟草农艺技术和烟草机械化生产标准的共同研究,充分发挥机械化在烟草

标准化生产中的作用。

四、机械化是建设现代烟草农业的迫切需要

发展农业机械化是建设现代农业的物质基础，没有农业机械现代化，就没有现代农业。现代烟草农业的建设，是现代农业建设的示范工程。在推进现代烟草农业中，把机械化作为一项重要的内容，加大技术队伍和烟农的培训力度，有效动摇传统农业生产方法的意识，大力推广应用农业机械，实现"减工、降劳、增效"的目标，切实提高烟草农业的劳动生产率。

烟叶生产环节多，用工量大，技术要求高，实行机械化是现代烟草农业的基本要求，也是现代烟草农业的基本条件。土壤耕作是优质烟叶生产的基础性环节，优质、高香气烟叶生产要求烟株有发达健壮的根系，为了培肥地力还需要使用有机肥、绿肥，北方旱区通过深耕可以积蓄雨水，因而对土壤耕作质量有较高的要求。目前，烟叶大部分实行垄作栽培，施肥起垄也是烟叶移栽前的一项重要工作。在小规模零星种植条件下，由于无法实行机械操作，所以耕作粗放，整地不规范，而且用工强度大。通过规模种植，可以采用深耕机械、起垄机械进行大面积作业，有效提高劳动效率，充分保证操作质量，并提高操作的均匀一致性。烟苗移栽、烟田中耕追肥、烟叶植保、化学除芽、烟叶采收等环节也都需要机械化大显身手，以保证管理操作的时效性、高效性和高质量。

近几年来，烟草行业投入巨资，把建设具有现代农业特征的现代烟草农业作为全行业的重大历史任务加以全面推进，并作为今后烟叶工作的基本方向，以全面推进现代烟草农业建设作为试点，为建设社会主义新农村、推进农村改革发展起到"火车头"作用。重点抓好水利工程、田间机耕道路、烤房改造、烟草农业机械化方面综合配套，发挥整体功能作用。2002年以来，全力推进以烟水、烟路、烤房、机械化为主要内容的基础设施建设目标，力争使烟区的生产条件明显改善、综合生产能力明显提高、抗御自然灾害能力明显增强、专业化服务体系更加健全完善、基本实现统一机耕等；向以完善专业化服务体系为载体全面提高烟叶生产整体水平，促进烟叶技术集成化、主要劳动过程机械化，创新烟叶生产组织模式，培育一批种烟专业大户、家庭农场和专业合作社，按照依法自愿有偿原则，积极稳妥地推进土地流转，"打牢烟田基础设施建设基础，实现规模化种植、集约化经营、专业化分工、信息化管理"，达到保持烟叶生产可持续健康发展目的的现代烟草农业形态，努力保持烟叶生产稳定发展。从上述现代烟草农业

建设的形势和内容来看，强调了农机化举足轻重的地位。

五、现代烟草农业机械化的发展方向

未来10~20年，我国烟草农业机械化将处于中级发展阶段的关键时期，呈现出五个方面的发展趋势。

第一，发展速度不断加快。预计2020年我国烟草耕种收综合机械化水平将达到75%，2025年左右将达到90%，即预期在21世纪20年代中期可以完成烟草农业机械化中级阶段的发展任务，进入高级发展阶段。

第二，发展质量不断提高。农机产品的先进性、可靠性、适应性、安全性进一步增强，农机具配套比进一步提高，逐步向高质量、高科技、高性能、低能耗、低排放和多功能的方向发展。

第三，发展领域不断拓宽。烟草机械化生产由耕种收环节机械化向产前、产中、产后全过程机械化延伸。

第四，发展机制不断完善。各级烟草部门对烟草机械化的财政力度将进一步增大，税费优惠措施进一步完善，技术推广等服务能力进一步增强。在烟草部门扶持和市场需求的引导下，烟草机械销售、作业、维修三大市场不断完善，农机服务产业化进程加快。

第五，农机农艺不断协调。初级阶段农业的小规模、分散经营模式，导致种植制度千差万别。进入中级阶段，现代烟草农业规模化、烟草标准化的生产方式，高性能烟草机械的广泛使用，将引领农艺制度的改革和发展，进一步推动烟草农机农艺相互配合、相互适应、共同促进和协调发展。

第四节　适度规模经营是发展现代烟草农业的基础

一、目前烟叶生产经营的现状

1. 主要停留在传统分散的小农生产方式

据统计，目前全国户均种烟面积仅0.31公顷。随着农业生产的发展，劳动力的转移和城镇化发展步伐的加快，以及农村社会分工的不断细化，这种农业经营方式的局限性日益增强。突出表现在：农民千家万户的小规模种植分散经营，

人力、物力投入多，生产成本和交易成本高，效益差；主体分散，势单力薄，经济实力脆弱，难于抵御烟叶生产存在的自然风险和市场风险；单家独户，市场狭小，专业化水平低，市场信息不灵，生产上带有很大的盲目性；彼此模仿，大起大落，供需不对应，价格波动大，烟农深受其害；狭小的生产规模不利于先进管理方法的应用和组织化、社会化程度的提高，使现代管理效应和规模效益难于实现；小规模经营的农户普遍负担不起大中型机械的投资费用，而且高度分散的小规模土地也不便于开展机械化作业，劳动强度大，效率低，质量差，增加了新技术推广和生产管理的难度，不利于提高烟叶生产技术的到位率，制约了烟叶标准化生产，烟叶产量和质量无法保障。

2. **不适应大市场、大工业的需要**

随着市场经济的发展，分散的小规模的烟叶种植已不能适应大市场、大工业的需要。为解决卷烟工业集团化、现代化生产与烟叶千家万户小生产的矛盾，关于烟叶规模种植模式的探索正在积极进行。随着不断地研究、实践、总结、矫正，烟叶规模种植必将成为烟区社会主义新农村建设的一道亮丽的风景。

二、烟叶规模经营的内容

烟叶是对生态环境条件比较敏感的作物，特别是优质烟叶的形成，对土壤条件（土壤类型、质地、结构、酸碱度、养分状况等）、气候条件（光照、温度、降水量及分布等）都有严格的要求。因此，划定烟叶的适宜种植区域是首要任务。从大的方面来说，对全国烟叶生产做出更为科学的区域规划，优化布局，提高集中度，并实施动态管理，以稳定数量，提高质量，满足优质化和配方的需要。在重点扶持优势产区的同时，应积极开辟新的烟叶生产适宜区，把国内烟叶资源发掘、利用、保护和保存结合起来，强化烟叶生产的资源支撑基础，为烟叶可持续发展提供保障。对具体植烟区来说，在对当地自然资源充分论证的基础上，根据优质烟叶生产对环境生态条件的需要，坚持以烟为主的原则，把烟叶集中连片种植在最适宜的区域，并保证相对的稳定。

1. **规模种植是烟叶生产产业化的基础**

规模种植可以实现烟叶生产的统一进程，包括统一品种、统一移栽、统一施肥灌溉、统一植保、统一打顶和进行各项农事操作等。由于采用机械化作业，可以统一操作流程，一方面可显著提高生产效率，降低生产成本，另一方面还可保证烟叶生长、发育、成熟的一致性，便于在技术和管理上正确把握烟叶的生育进

程，及时准确对其生长发育进行调控。

育苗是烟叶生产的重要环节。实践证明，采用以塑料大棚漂浮育苗为主的集约化、工厂化、商品化的育苗方式，不仅可以使广大烟农从长达3个月的烦琐的育苗劳动中解脱出来，更利于保证育苗技术到位，提高烟苗素质，而且更适于规模种植和机械化移栽的要求。

2. 机械化是规模种植的要求和条件

烟叶生产环节多，用工量大，技术要求高，实行机械化不仅是规模种植的要求，也是规模化种植的条件。通过规模种植，可以采用深耕机械、起垄机械进行大面积作业，有效提高劳动效率，充分保证操作质量，并提高操作的均匀一致性。烟苗移栽、烟田中耕追肥、烟叶植保、化学除芽、烟叶采收等环节也都需要机械化大显身手，以保证管理操作的时效性、高效性和高质量。

3. 烟叶规模种植以高科技含量为特征和条件

烟叶种植管理复杂，技术性强，对科技的依赖性更高，因此是规模种植的重要内容。在规模种植条件下，必须及时捕捉科技信息，学习掌握运用各项生产管理技术，严格按照各项技术规程进行操作，以充分发挥土地的生产潜力、烟叶的质量潜力和规模的效益潜力，并有效地规避和预防病虫害、旱涝等自然灾害的风险。科学种植管理的具体内容主要包括选用优质稳产抗病的优良品种，加强土壤耕作培肥，实行烟叶平衡施肥和优化灌溉，适时打顶和化学除芽，积极及时防治病虫危害，适时科学采收等。

4. 烘烤专业化是烟叶规模化种植的关键环节

烟叶烘烤的劳动强度大、技术要求高，烟农掌握这项技术的难度较大。分散种植条件下一家一户单独烘烤，不仅费时费力，也难于保证烟叶烘烤质量，不利于充分发挥烟叶的优质潜力，不利于最大限度地提高烟叶的经济效益。专业化烘烤的目的就是通过组织专业化烘烤队伍，规范和提高烟叶烘烤的技术水平，减少烟农烘烤劳动强度，提高烟叶的烘烤质量。专业化烘烤要建立在烘烤设备自动化的基础上。目前，各地大力推广建造的密集式自动化烤房为专业化烘烤提供了条件。

三、现代烟草农业规模种植的主要形式

1. 大户集中种植

一些懂技术、会管理、有资金的农户通过租赁、承包等方式扩大种烟规模，专业化种植烟叶，从而取得规模效益。目前，不少烟区为了提高烟区户均种植规

模，提高烟叶生产集中度，形成规模效益，通过建立合理的土地流转制度，鼓励扶持一批种烟积极性高、有技术的种烟大户，采取租赁、承包等形式进行规模化种植，使土地向生产能手、专业户集中。

2. 烟叶片区化种植

根据优质烟叶生产对土壤、气候等生态条件的要求，经过充分论证，划定烟叶种植片区进行集中种植，在片区内统一规划布局、统一技术方案、统一农事操作。

3. 烟叶生产合作社

农业生产合作社是按照自愿互利的原则组织起来的群众组织，是单独的区域性组织，组织形式上更加强调生产资料的共享、劳动形式的统一和劳动成果的分享。在烟叶主产区，引导烟农以土地、劳力、资金、机械、技术等形式入股，组成烟叶生产合作社，建立章程，依法运作，按劳分配，按股分红，使合作社成为具有法人资格的经济组织。

4. 烟叶生产农场

在地方政府的支持下，采取统分结合的办法，以合资或独资方式承包、租赁土地，建立专业化的烟叶种植农场。近年来，一些地方学习国外经验，仿照国外农场化经营模式，由公司或个人出资，投入大量资金，租赁土地，雇佣农民进行农事操作，建立了一些高标准的烟叶示范基地和农场。部分农场还引进种烟机械、灌溉设施、密集烤房等设备，依照国外的农场运作模式组织烤烟生产。

四、实现现代烟草农业规模经营的保障机制

1. 建立合理的土地流转制度

2003年实施的《农村土地承包法》从法律层面体现了对于合法土地承包经营权的保护。该法规定，通过家庭承包取得的土地承包经营权，可以依法采取转包、出租、互换、转让或其他方式流转。在具体执行中，必须用科学的发展观来指导烟叶生产，积极争取各级政府的支持；在制定发展规划时要有长远的设想，要充分发挥烟草部门的技术优势和规划经验，顺应科学种植、规模发展的高层次要求；要加大力度进行土地流转和烟田集中连片的组织协调工作。其次，制定和落实有效的扶持政策，大力培植烟叶生产种植大户，鼓励烟叶连片规模种植。在烤房建设、水利配套、化肥农药、烟苗供应等方面给予优先照顾，引导、促进种

烟农户向种烟大户发展。

党的十七届三中全会指出，以家庭承包经营为基础、统分结合的双层经营体制，是适应社会主义市场经济体制、符合农业生产特点的农村基本经营制度，是党的农村政策的基石，必须毫不动摇地坚持。赋予农民更加充分而有保障的土地承包经营权，现有土地承包关系要保持稳定并长久不变。推进农业经营体制机制创新，加快农业经营方式转变。家庭经营要向采用先进科技和生产手段的方向转变，增加技术、资本等生产要素投入，着力提高集约化水平；统一经营要向发展农户联合与合作，形成多元化、多层次、多形式经营服务体系的方向转变，发展集体经济，增强集体组织服务功能，培育农民新型合作组织。要按照国家"三农"政策精神，结合当地实际，对大户、合作社、家庭农场三种经营方式合理选择，关键要发挥烟农的主体作用，注重实际效果。要加大商品化经营力度，烘烤、育苗、农机作业要尽可能地商品化。

2. 加强烟田工程基本建设

在规模种植条件下，烟叶作为一种主要产业，要求土地资源的生产潜力得到充分发挥，从烟叶种植获得可靠、稳定的收入来源。因此，烟田生产的基本条件的改善和抗灾保收能力的提高是一项基础性的工作，是烟叶生产的百年大计，对于烟叶生产的稳定发展至关重要。加强烟田基础设施建设，对推动烟叶生产可持续发展、保证规模种植效益、保护烟农利益意义重大。因此，要加大水利、道路等基础设施的投资力度，完善政府、部门、个人投资体制，在增加投资的基础上扩大种植规模，在扩大种植规模的同时加大投资力度，稳扎稳打，确保烤烟生产不因基础设施建设的滞后而影响产量及质量。

3. 建立基本烟田保护制度

在规模种植条件下，烟田作为烟叶产品形成的载体，必须具有持续稳定的优质烟叶的生产能力。建立基本烟田保护制度是烟叶生产可持续发展，不断取得规模效益的基本保障。一是要建立合理的轮作制度，减轻和预防病害的发生。二是不断地培肥地力，做到土地的用养结合。我国多数烟区都存在土壤有机质含量偏低、土壤养分失调、土壤结构不合理、保水能力差等问题，通过种植绿肥，增施有机肥等措施，不仅可以提高土壤肥力，改善土壤结构，还可通过提高土壤保水能力，增加土壤有效水分的蓄积，进而促进土壤养分的有效性，有利于促进烟叶的早发快长和后期的成熟落黄。这不仅可以减少无机氮肥的施用量，减少肥料投入，节约成本，提高养分利用率，还有利于减少养分流失对环境的污染。三是积极推行烟田覆盖栽培。过去在烟叶种植中普遍实行地膜覆盖栽培，虽然在保墒增温、促进烟叶生长方面作用显著，但也存在成本较高、污染环境等问题。最近的研究和实践充分表明，采用作物秸秆覆盖烟田，不仅可以起到保水、保土作用，还可增加土壤有机质含量，改善土壤理化性状，对提高烟叶品质有良好作用。四是利用信息技术、遥感技术等现代化手段，规范基本烟田管理，建立基本烟田数据档案。

4. 推行厂办基地经营模式和基地单元建设

厂办基地可在工业企业和烟叶产区之间建立一种相对稳定的产销关系。厂办基地既是对规模种植的要求，也是对规模种植的推动。对于厂家来说，根据卷烟配方的要求，需要保证特定烟叶原料的稳定供应，通过厂办基地的实施，使产区按照厂家的要求统一进行烟叶种植，有利于获得均匀的质量和稳定的产量。对于产区来说，只有在规模种植的条件下，才能更好地落实厂家对烟叶生产的技术要求，满足厂家对烟叶质量的要求。另外，在规模种植条件下有利于作为使用方的工厂积极参与烟叶种植的全过程，使工厂把自己的生产经营和技术活动延伸到农业环节，不仅关心农业，还拿出一部分财力、物力来支持农业，并对农业进行技术指导，支持烟叶种植；同时，烟叶产区也可与工厂的技术人员经常沟通，及时了解工厂需求，由此形成工商互动、共同发展的良性循环。

5. 建立以烟农协会为主的烟农组织

烟农协会是烟区农民合作经济组织的重要形式，目前在全国各个主产烟区纷纷兴起，在烟叶规模种植中发挥了重要作用。我国的烟农协会多采取企业组织、政府参与、烟农参加的形式，形成一个松散的适当组织化的生产协作系统，把分散种植烟叶的农户组织起来，提高烟叶生产的集中度，推广先进生产技术，提高烟叶生产水平，稳定种烟面积。通过帮助会员获得生产所需要的技术和市场信息，提供各种服务，满足农民多方面、多层次、多种类的需要，提高适应市场需求、参与市场竞争和抵御市场风险的能力。其优势就在于通过合作机制，在不改变农户家庭经营的前提下，促进人力、物力、技术等生产要素的优化重组，在一定程度上解决了小规模农户经营与社会大市场之间的矛盾，使分散的烟农分享要素配置中的规模效益。

6. 建立依托研究机构的技术研究推广体系

烟叶规模种植建立在技术集约的基础上，规模种植对科学技术的依赖性更

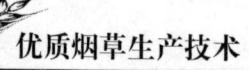
高，同时也为科学技术的普及和应用提供了市场和空间。高等院校和科研机构是烟叶新品种、新技术、新产品的发源地，作为烟叶主产区规模种植的技术依托，可以通过试验示范直接将先进实用的技术成果应用于烟叶生产，直接转化为生产力；而且高等院校和科研机构汇聚了各个学科的专家人才，可以帮助烟区制定科学的技术实施方案，并可以对烟叶生产中发生的问题进行及时地诊断，制定出有效的管理措施。同时，烟叶规模生产也对科研单位不断提出了新的研究课题。

因此，要逐渐建立和形成新形势下烟叶科研创新和技术推广机制。一是支持高等院校、科研院所、烟草企业发挥各自优势，整合科技资源，积极参与科技创新，特别是对于制约当地烟叶生产的一些关键技术，应实施联合攻关、优势集成、重点突破的策略，提高烟叶科技创新能力；二是通过在产区设置试验示范基地，进行技术培训和指导，大力普及和推广先进实用技术，提高技术到位率；三是通过烟农协会等组织形式，大力推进基层烟叶专业技术人才队伍建设，加强专业技能培训，培养一支生产科研开发和技术推广队伍，提高烟农的科技素质和技术水平。

7. 加强社会服务化体系建设

专业化分工是规模化大生产的另一个重要特点。推行专业化分工，一方面可以把农民从复杂的劳动中解放出来，另一方面可以提高生产的整体水平，进而提高烟叶质量。目前，烟草育种、育苗基本实现了专业化分工，节约了农民的劳动时间。各产区还要探索组织起专业化技术队伍，实现起垄、施肥、植保、采摘、烘烤、分级、运输等专业化分工，实行社会化有偿服务，从而大大减少烟农的种烟程序，降低烟农特别是规模种植户的用工成本。

8. 积极推进烟叶保险

烟叶保险属于高风险、高赔付的险种，特别是烟叶是以叶片作为收获对象，易受自然灾害的危害，在一些烟区经常会出现水灾、雹灾，这些自然灾害有时是毁灭性的。因此，如何降低种植大户生产经营的风险，必须仔细考虑。

烟叶保险具有准公共物品的性质，如果完全实行商业化经营模式，必然导致市场失灵，应把政府主导和支持下的政府与商业保险公司"混合经营"的模式作为我国烟叶保险的主导形式。基本思路是商业公司每年从其经营利润中划出一部分（可适当提高调拨价），烟区政府拿出一部分，烟农自身拿出一部分，共同建立烟叶保险基金，对烟田进行统一投保。其中，烟农的出资比例应该较低，主要应由商业公司和政府出资。

第十二章　现代烟草农业内容与发展对策

第一节　现代烟草农业内容

国家烟草专卖局认真贯彻2007年中央一号文件提出的积极发展现代农业的精神，于2007年6月发出了努力推动传统烟叶生产向现代烟草农业转变的号召。把现代烟草农业概括为"一基四化"模式，即全面推进烟叶生产基础设施建设，努力实现烟叶生产的"规模化种植、集约化经营、专业化分工、信息化管理"。

一、现代烟草农业的形式

我国烟区约1/3分布在贫困地区，大多分布在山区、浅山区或半山区，地势地貌复杂，全方位使用机械作业的可能性不大。但是，根据中国的国情和烟区的现状，现代集约持续农业将是我国现代烟草农业建设的必由之路。充分利用中国传统农业的技术精华，实现持续提高土壤肥力、持续增长生产率、持续协调烟区生态环境以及持续利用和保护烟叶自然资源，实现烟叶生产稳定、优质、生态、安全，逐步建立起一个采用现代科学技术、现代工业装备和现代经营管理方式的烟叶综合产业体系。

1. 衡量现代烟草农业水平的指标

衡量现代烟草农业水平的指标，主要表现在以下几个方面：

一是农业劳动生产率，即一个人一年生产多少农产品，创造多少价值；

二是土地生产率，即单位土地面积一年能产生多少财富；

三是农产品商品率，有多少农产品可以作为商品出售。烟叶本身就是商品，不像粮食能让烟农自给自足，有其商品化的自身优势；

四是农业科技进步贡献率，即所生产农产品的质量和价值有多少来自科学技术，而不完全是生态效益。现阶段我国烟叶生产的科技进步贡献率一般为45%～50%，与发达国家的70%左右还有相当大的距离；

五是农业资源与环境指标，指烟区生态环境，诸如水土保持、沙化、盐碱化、贫瘠化，以及化学污染等；

六是农民人均纯收入，即一个劳动力通过种烟一年能收入多少钱。就现阶段较多的零星分散种植方式，窝工严重，人均纯收入较低，需要土地流转扩大种植规模，或以专业队的形式以获取较高的人均收入。

2. 必要的形式和保障措施

现代烟草农业实现上述指标，必须通过有效的形式和保障措施。

第一，烟叶生产技术科学化。通过培育和种植优质抗病的烟草优良品种，创造一个生长发育的良好条件，施用复合肥料、全量肥料、高效浓缩肥料和缓释肥料。使用高效低毒、广谱、低残留、无公害的农药或生物农药，并不断研制出新的除草剂，栽培技术体现集约化、模式化、定量化，灌溉技术也不断体现出节水、高效的功能，把精准农业技术全方位应用于烟叶生产。

第二，生产操作机械化，包括农业机械化、电气化、化学化和智能化。各国生产手段现代化多是从机械和化学起步，目前基本上实现了农业现代化的国家，都已形成了适合本国国情的农业机械体系，即由动力机械到多种配套农具，达到全面机械化阶段。

第三，产销社会化。国内外的事实证明，烟叶产品要在市场上有竞争力，其基础是质量。而且烟叶商品的质量特点是依据市场而定，市场需要什么就生产什么，需要多少就生产多少。烟叶生产的社会化还体现在物资供应方面，种子、化肥、农药和农业机械等生产资料均有专业公司经销，烟农可根据权威机构或专家推荐和经验自愿选购，体现出公平竞争。有关各方均能做到规模经营，提高了生产效率。

第四，生产高效化，主要体现在集约化和机械化。现阶段的集约化育苗和密集式烘烤就是典型模式。传统育苗方式每10 m^2苗床只能供应667 m^2的烟田用苗，集约化育苗生产效率能提高4倍以上。密集式烘烤能提高工作效率3倍左右。

第五，管理信息化。用信息化改造传统烟叶生产，带动现代烟草农业的发展，能够大大提高生产技术到位率。信息化管理还要从生产技术管理环节逐步延伸到烟叶经营环节。

第六，烟农知识化。随着现代农业的发展，农业生产过程中的科学技术含量越来越高，因此，只有农民理解和掌握了现代科学技术，才能掌握复杂的烟草种植技术，使科学技术转化为生产力。同时随着烟草农场数量增多和规模扩大，也要求烟农掌握高效的企业化管理方法，不断提高经营水平。

二、现代烟草农业的内容

建设现代烟草农业，先进科技是支撑，精细管理是手段，基础设施投入是保障，提高"三率"是目标。主要内容体现在八个方面：规模化种植、机械化作业、专业化服务、集约化经营、标准化生产、精细化管理、信息化支撑、职业化烟农。

1. 发展现代烟草农业的总体要求

努力做到三个结合：

第一，与社会主义新农村建设相结合，通过积极发展现代烟草农业，为烟叶产区的社会主义新农村建设发挥积极作用；

第二，与卷烟工业的发展需要相结合。发展现代烟草农业以适应卷烟工业发展需要，有效支撑中式卷烟大企业、大品牌的持续发展；

第三，与烟叶生产基础设施建设相结合，进一步打牢基础，积极探索符合中国国情、符合各地实际、符合行业特点的发展道路和可行模式。

2. 现代烟草农业建设的主要任务

当前和未来一个时期，发展现代烟草农业的主要任务是通过理念创新、科技创新、管理创新、作业方式创新和生产组织模式创新，持续改善烟叶生产基础条件；大力推进科技进步，持续强化烟草农业的科技支撑；大力推进管理创新，持续提高烟叶基础管理水平；积极培育新型烟农和加强人才建设，持续优化烟叶队伍素质结构；健全完善生产经营组织体系，持续改进烟草农业组织模式；有效实现降本减工增效，持续增加烟农家庭收入；统筹协调烟草农业和卷烟工业发展，持续增强优质烟叶资源保障能力；积极构建和谐烟草，持续提升烟草行业社会形象。

国家烟草专卖局领导在全国烟草专卖局长、公司总经理座谈会上指出："发展现代烟草农业，改善生产条件是基础，规模种植是前提，完善专业化服务体系、提高专业服务水平是重点。"

3. 发展现代烟草农业的基本思路

积极运用现代科学技术和先进管理方法，通过加大要素投入，转变生产方式，优化资源配置，完善政策措施，加强烟叶生产基础设施建设，扎实推进规模化种植、集约化经营、专业化分工、信息化管理。提高土地产出率、资源利用率和劳动生产率，促进烟农收入持续增加，构建适应卷烟大企业、大品牌规模要求的原料保障体系，努力为烟草行业的平稳健康发展提供更加坚实的基础，为发展

现代农业和建设社会主义新农村做出更加积极的贡献。

4. 现代烟草农业建设目标

国家烟草专卖局领导指出，传统烟叶生产向现代烟草农业转变要"打牢'一个基础'，努力实现'四个化'"，即全面推进烟叶生产基础设施建设，努力实现烟叶生产的"规模化种植、集约化经营、专业化分工、信息化管理"。最终目标为烟叶种植规模要稳定，劳动强度要下降，效益要增加，农民要增收，质量要提升，生产水平要提高，烟叶生产可持续发展。

全面推进烟叶生产基础设施建设。改变烟叶生产条件落后的局面，改善烟叶生产设施，是发展现代烟草农业的重要内容。

努力实现规模化种植。规模化种植是发展现代烟草农业的基础和条件。不同自然条件和经济条件产区必须确定科学合理的适度规模水平，要依靠产区政府协调，按照依法、自愿、有偿的原则推动土地承包经营权有效流转，促进烟叶生产规模化种植。

努力实现集约化经营。通过集约化经营提高土地利用率和土地生产率，增加烟叶经济效益，必须增强烟叶生产科技自主创新能力，提高科技对烟叶发展的贡献率，逐步全面实现集约化、商品化育苗，集中统一供苗；大力推行统一机耕、统一施肥、统一植保，提高烟叶生产组织化程度，促进烟叶生产由传统种植方式向集约化、社会化大生产方式转变；通过建设烤房群，逐步推行烘烤的智能化；要与农机科研部门加强合作，加快烟叶生产实用机械的研发进程；大力推行省工型生产模式，积极引进、示范和推广烟田起垄机、覆膜机、培土机、追肥器、高效植保器械、自动编烟机、运输机械等小型实用农机设备，提高烟叶生产机械化水平。

努力实现专业化分工。逐步推行育苗、机耕、植保、采收、烘烤、分级等烟叶生产主要环节的专业化服务。

努力实现信息化管理。信息管理要逐步从烟叶经营环节延伸到生产管理环节，用信息化技术改造传统烟叶生产，带动现代烟草农业的发展。要以生产经营决策管理系统为支撑，以物流为基础，以加强合同管理为中心，以实现烟叶原收原调为突破口，加快烟叶信息化建设。

5. 推进"十三五"行业发展迈上新台阶

一是品牌升级发展。中式卷烟知名品牌在"532""461"的基础上将迈上更高的发展平台，在"十三五"期间，行业将力争培育出2～3个销量超过500万箱、5个二类以上销量超过200万箱的大品牌；培育出4个三类以上销量超过200万箱、1个超过300万箱和4个销售收入超过600亿元、1个超过1 000亿元的大规格；培育出若干个商业销售额分别超过1 000亿元、1 500亿元、2 000亿元的价值和规模兼具的知名品牌。推进中式卷烟品牌整体升级发展，到"十三五"末期力争零售价200元/条以上卷烟销量比"十二五"末翻一番。

二是资源优化配置。烟叶生产围绕提质增效，要完成5 000万亩基本烟田基础设施配套建设，培育30万户规模化种植烟农，创建100家专业服务合作示范社，打造100个升级版基地单元。卷烟营销按照市场化取向改革要求，增强市场对资源配置的决定性作用，逐步搭建全国统一的订单和供货平台、工商物流信息平台，促进全国统一大市场真正形成。

三是创新活力充沛。通过完善行业创新体系，努力建成一批工业企业技术中心、烟叶生产技术中心、行业重点实验室和行业工程中心，在烟草基因组、分子育种、减害降焦、细支烟研发生产、新型烟草制品、一体化数字烟草等方面实现突破。

四是产业融合深化。按照"整合兼容、互联互通、先进实用、改造升级"的要求，推进互联网、信息化与烟草产业深度融合，重点加强工业智能制造和商业智能营销、智能物流建设，形成网络化、智能化、服务化、协同化的烟草产业生态体系。在具体目标上，到"十三五"末期，卷烟生产关键工序数控化率要力争达到50%，数字化研发工具使用率力争达到70%，达到《中国制造2025》规划的同期水平；农业物联网测控体系运用比例力争达到30%，保持国内领先；综合电子商务平台使用覆盖面力争达到60%以上，大数据定制化消费产品比例力争达到30%左右，推动行业向柔性化、智能化、绿色化的发展秘书转型。

五是绿色发展升级。努力把行业发展建立在成本节约、效率提高、管理进步的基础上，力争"十三五"期间工商企业三项费用率控制在7%以下，工业企业销售收入成本率稳定在25%以下，万元工业增加值综合能耗稳定在20 kg标煤以下，商业企业物流费用占卷烟销售收入的比重控制在0.9%以下。六是国际拓展加快。通过跨国并购和自主发展两个途径，力争到2020年实现境外卷烟销量超过800万箱；力争培育10个境外销量超过10万箱的卷烟品牌，其中4个争取超过20万箱；重点打造5个境外产销基地，培育7个左右市场占有率超过20%的国家或地区市场；力争境外实体化经营烟叶占进口烟叶总量的50%以上。

六是加强保障协调。力促规划实现行业"十三五"规划是指导行业未来五年发展的政策性文件。国家局要求举行业之力，集行业之智，力促实现规划所提出的上述发展蓝图。尤其要加强政策的统筹协调，注重政策目标与政策工具、短期政策与长期政策的统筹协调。在制定行业投资规划时，要优化投资方向和结构，加大对新一代信息技术、智能制造、新型烟草制品和关键基础设施的建设投入，形成与"十三五"规划相匹配的投资规模形成机制。在制定重点项目导向计划时，要围绕行业发展关键领域和薄弱环节，着力解决突出问题；行业各单位的规划要注重和行业规划协调，特别要加强约束性指标的衔接，形成对行业规划的支撑，共同开创烟草事业持续健康发展的新局面。

第二节　发展现代烟草农业对策

一、加强基础设施建设

1. 现代烟草农业要求加强烟叶生产基础设施建设

烟叶生产基础设施主要包括烟水、烟路、烟电、烟机、烟房、烟叶收购站等综合配套设施。基础设施是烟叶生产可持续发展的基础保障。没有完善的基础设施，烟叶生产的发展就没有保障和后盾。现代烟草农业基础设施建设要与烟叶生产可持续发展相结合，要精心规划、认真设计、严格施工、确保质量，要整体推进、整村推进、整片推进。

烟水建设要以水渠、水柜为主；烤房建设要按照以密集卧式、集群化为主；建设标准化烟叶收购站点；同时做好烟路、烟电、烟机配套建设，以满足烟叶灌溉、烘烤、调制、收购、保管等需要。在有条件的地区，要积极推行机械化、半机械化作业，要积极推行集约化育苗、商品化育苗和集约化烘烤、商品化烘烤；在条件不具备的产区，要建立烟农互助组、烟农协会等，发挥集体力量，降低劳动投入和劳动强度，提高生产效率。要加强烟区生态建设，建立基本烟田保护制度，改善生态环境，保持烟区生产平衡。

基础设施项目建成后，要严格管理，注重实效。明确产权，加强建成后管理，确保长期发挥效益，促进烟叶生产可持续发展。

2. 烟叶基础设施建设是现代农业生产的基础

烟叶基础设施建设是现代农业生产方式推进的基础工程，是实现规模化种植、集约化经营的前提条件，是烟草行业反哺农业的创新实践。自2005年国家实施基本烟田配套建设以来，我国的烟叶基础设施建设发生了巨大的变化，为传统烟叶生产向现代烟草农业转变打下了坚实基础。但就全国而言，烟叶基础设施建设还有许多需要完善的地方，不少烟区烟水、烟路、烤房和烟站的综合配套设施与现代烟草农业的要求差距还很大。

烟叶基础设施建设中要强化"规划先行"的观念，注重科学规划，坚持"因地制宜、整体推进、适度规模"的原则，发挥综合效益。同时要注重工程质量，烟叶基础建设要经得起烟农、实践和时间的检验，真正做到"建设一座水窖、惠及一片烟田"。另外，还要注重资金管理，做到规范运行。

发展现代烟草农业，首先是要完善烟田基础设施，打牢烟叶生产设施建设基础。实现烟叶生产规模化种植、集约化经营、专业化分工、信息化管理，都要建立在完善的烟叶生产基础设施建设之上。因此，全行业今后一个时期，要坚持把完善烟叶生产基础设施建设作为发展现代烟草农业的重点任务，全面抓好落实。各产区要按照国家烟草专卖局制定下发的《关于发展现代烟草农业的指导意见》总体要求，从行业持续健康发展和支持社会主义新农村建设的战略高度，进一步深刻认识开展烟叶生产基础设施建设的重要意义。切实统一思想，不断总结经验，积极探索创新，更加扎实地向前推进。要紧紧围绕发展现代烟草农业，把烟田基础设施建设的重点放在完善烟水工程、整修机耕道路、烤房建设改造上。坚持规划先行，起点要高，管理要严，工作要实，效果要好。通过加强烟叶生产基础设施建设，努力改善烟区生产条件，提高烟叶综合生产能力，保持烟叶生产稳定发展，促进烟区经济社会发展。

3.　烟叶基础设施建设要整体规划、注重实效

突出注重实效，必须坚持质量第一、好字优先。好字优先是贯彻落实科学发展观，提高烟叶生产基础设施建设水平的根本要求。坚持好字优先，就是要把工程项目建设质量和效益切实摆到首要位置，优先加以考虑，努力实现项目建设的速度、质量、效益相协调和统一。近年来烟叶基础设施建设能够取得较好发展，关键在于突出强调了坚持试点先行，狠抓质量，循序渐进，稳步实施，在实践中不断创新提高。要认真总结几年来各地烟叶生产基础设施建设成功经验，始终坚持质量第一，切实避免和防止一哄而上，确保烟叶生产基础设施建设有序健康发展，为建设现代烟草农业奠定坚实基础。

突出注重实效，必须切实加强规划，系统设计。搞好规划和设计是开展基础设施建设的前提，规划设计水平直接决定着烟叶生产基础设施建设的水平。要进

一步提高项目规划设计的科学性和系统性，因地制宜，统筹安排，整体规划，系统设计，努力使建设项目发挥出更好效益。当前，各单位要认真搞好五个方面规划工作。一是基本烟田规划，这是开展烟叶生产基础设施建设的前提。二是烟水规划，这仍是今明两年基础设施建设的重点。三是烟路（机械路）规划，机械路建设要与沟、渠建设紧密结合在一起，避免重复建设，发挥综合效益作用。四是烤房建设规划，要合理布局，分步实施，突出重点，确保建设质量。五是烟草机械化规划，突出烟用专用机械，努力提高机械化耕作水平。

二、提高集约化生产、专业化分工、社会化服务水平

1. 大力提倡适度规模生产模式

大力提倡适度规模生产模式，加快土地流转进度，适应规模化种植不断发展的新形势。确定合理的种植规模，提高烟叶农场的精细化管理水平。积极发展烟叶生产协会、种烟农户互助组等多种形式的烟叶生产合作经济组织，不断提高烟农的组织化程度。大力推广烟叶生产大户种植模式。选择一批生产基础好、懂技术会管理、发展潜力大的烟叶种植户，进行积极培植和重点扶持，引导和促进种烟农户向种烟大户发展。

2. 积极推进烟叶基地建设

积极推进烟叶基地建设，烟草工业企业要"主动参与、深度介入"烟叶资源配置改革。烟叶基地建设是卷烟工业企业深度介入烟区烟叶生产的重要平台，是稳定烟叶原料供应的有效手段，也是卷烟工业企业加大对烟叶产区投入的依据。各卷烟生产企业要不断加大对厂办基地的投入，切实搞好购销衔接，促进厂办基地健康发展。逐步建立互惠互利、诚信共赢的新型工商关系。

3. 不断提高集约化生产、专业化分工、社会化服务水平

按照"两头工场化、中间专业化"的工作思路，推广育苗工场化，完善工场化烘烤模式。烟叶工场条件完备的地方可以探索鲜烟收购、工场化烘烤的办法。在示范区建立烟叶生产专业服务队（育苗专业队、机械服务队、植保专业队、烘烤专业队、分级扎把专业队），落实专业化的各项措施；建立统一的服务模式和标准，扩大服务范围和规模；提高烟叶生产全过程的专业化服务水平。

三、着力提高烟农素质

烟农是烟叶生产的主力军，烟农的素质直接影响到现代烟草农业建设。但大

多数烟区烟农的素质与现代烟草农业的要求还存在较大差距。主要体现在，烟农的文化素质普遍偏低，接受新事物、新知识、新技术的能力相对不足；烟农的生产技能较弱，由于烟农年龄结构偏大、文化结构偏低，对烟草部门推行的新技术很难落实到位；此外，烟农创新能力不足。绝大多数烟农凭经验种烟，没有科技兴烟的本领。因此，只有全面提高烟农素质，才能为推动传统烟叶生产向现代烟草农业转变提供根本保障。如何培养市场意识较强、生产技能较高、有一定管理水平和经营能力的职业烟农应从以下几个方面做起。

1. 加强形势政策宣传

通过广播、电视、会议等多种途径，提高烟农思想素质。宣传当前党对农村的各项方针、政策，以及各级政府对烟农出台的各项优惠扶持政策，使烟农认识到烟草行业发展所面临的机遇。同时还应激发烟农参与现代烟草农业建设的积极性，增强烟农的市场经济观念和开拓创新意识。

2. 加强实用技术培训，提高烟农专业技能

根据烟农的文化层次、年龄结构、烟叶生产过程中不同环节的需要，充分利用各类培训资源，因人施教，有的放矢地开展培训。通过多形式、多途径的培训方式，使烟农不仅掌握科技兴烟技术，还能掌握现代科学管理，逐步培养一批职业烟农。达到烟叶快速发展、烟农持续增收的目的。

3. 完善培训机制

建立完善的长效培训机制，为烟农培训提供保障。一是要保障经费，本着"政府买单，农民受益"的原则，各级政府、烟草部门要保障烟农培训经费能够落实到位。二是要健全制度，分年度、分时段制订培训工作方案，完善烟农培训的相关制度。三是要整合力量，相关部门应聘请专家给烟农授课，烟草部门技术人员给烟农进行实际指导。另外，可充分利用职业技校、农函大、农广校、行业培训等，相互配合，形成合力。

四、大力推进科技进步

1. 技术集约是传统农业向现代农业转变的重要标志

技术集约是传统农业向现代农业转变的重要标志之一，是将较低技术条件下对土地实行广种薄收的农业生产方式，改变为在一定面积的土地上投入较多的先进科学技术，实现精耕细作的农业生产方式。一方面要积极引进国内外烟叶生产先进技术，通过认真吸收、消化和改进，成为适应本区域生产条件的新型适用技

术，加以示范推广；另一方面应将烟区多年来探索出的土壤改良、平衡施肥、漂浮育苗、田间植保、成熟采收、三段式烘烤等系列技术，认真进行组装配套和整合提升，使得生产技术资源不断优化，生产科技含量显著提高。烟区整体生产水平和烟叶质量明显提升，有力推进了烟叶生产集约化经营。

2. 烟叶生产的重心转为提高品质和效益

在稳定和增加烟叶种植规模的前提下，把烟叶生产的重心转移到提高品质和效益上来，通过大力推进科技进步，提高烟叶质量，增加烟农收入。烟草部门要发挥行业优势，加大对抗病、抗虫、抗逆等优良品种的引进、示范和推广力度。积极推行先进的种植模式和技术，提高复种指数，促进烟农增收。要积极推进烟叶科技队伍建设。建立健全烟叶科技人才引进和培养机制，加快基层烟叶专业技术人才队伍建设，加强专业技能培训，培养一支科研开发和技术推广队伍，提高烟农的科技素质和技术水平。

五、加强现代烟草农业示范区建设

烟农是最讲究实际、注重经验，但相对又是比较保守的劳动者。改变他们传统生产方式需要通过事实进行示范。当前形势下，烟叶生产具有分散性、地域差异性以及传统习惯性，这就使得新技术、新装备、新的生产模式很难直接让烟农接受并推广。这在客观上就需要一些区域性的示范基地、示范项目和示范户，把这些新技术、新方式、新成果逐级推广，并向四周辐射传播，逐步由传统烟叶生产向现代烟草农业转变。

现代烟草农业示范区建设是引导和鼓励广大烟农积极建设现代烟草农业的有益尝试，也是推进现代烟草农业建设的实践。开展现代烟草农业示范村建设试点，对于促进条件较好、基础较牢、质量较高、风格明显的优势烟叶产区稳固发展，探索现代烟草农业发展道路和模式，具有十分重要的意义。

六、健全保障机制，切实维护烟农利益

建立完善烟草气象服务及防雹减灾体系，降低冰雹等灾害性天气给烟叶生产带来的危害，努力减少种烟风险，维护好烟农的利益。完善烟草病虫害预测预报及统防统治体系，建立烟草病虫害快速反应和有效控制机制，切实减少突发性病虫害对烟叶生产造成的损失。探索建立和实施烟叶生产风险储备金制度，由烟草部门、保险公司和烟农共同出资的烟叶生产风险储备金制度，形成风险共担机

制。确保一旦发生风、雹等自然灾害，能够及时给予烟农合理的经济补偿，最大限度地维护烟农的利益，减少烟农的后顾之忧，保护和引导烟农的生产积极性。

七、综合发展现代烟草农业

1. 必须发挥地方政府的领导协调作用

发展现代烟草农业是一项涉及部门多、专业性强、技术要求高的系统工程，综合性强、工作量大、管理难度大，开展这项工作，决非烟草企业一家就能够全面实施。在发展现代烟草农业过程中，离不开各级政府优化农业种植结构的支持，也离不开农业部门基本农田保护规划、农机部门农业机械扶持、水利部门配套建设、植保部门预测防治的通力合作。只有加强领导，做到认识到位、责任到位、措施到位、工作到位，有关部门密切配合、齐抓共管、上下联动、左右互动，才能确保现代烟草农业工作的整体推进。

2. 必须以烟叶质量为着眼点

随着烟草行业体制改革的不断深化，特别是随着卷烟工业企业的联合重组，大企业、大市场、大品牌的市场格局已经初步形成，烟叶市场全球一体化竞争成为必然趋势。因此，推进现代烟草农业，完成从小农生产方式向现代化大生产方式转变，在坚持规模化种植、集约化经营、专业化分工、信息化管理的基础上，必须坚持标准化生产，注重烟叶特色风格，努力提高质量水平，生产出风格一致、品质稳定、水平相当的烟叶，满足卷烟工业大品牌发展的需要。

3. 必须提高烟区创新能力

烟区创新包括技术创新、知识创新和服务创新体系建设。技术创新体系要全面加强烟叶技术服务中心建设，建立以企业为主体、市场为导向、产学研相结合的企业创新体系。知识创新体系要紧紧依托科研机构，引进先进的技术成果，并加以推广利用。技术服务体系要健全科技传导机制，加速新技术、新成果的推广应用，加强基层烟叶技术推广站和烟区标准化示范建设，提高烟叶生产技术成果转化率和技术落实到位率。

4. 必须建立长效机制

要建立有效的基本烟田保护制度，优化土地利用结构，提高土地资源利用率，促进烤烟生产科学布局，合理调整，为烟叶生产可持续发展提供保障；要完善土地流转机制，坚持"依法、自愿、有偿"的原则，积极探索土地转包、租赁、置换和土地入股等流转形式，发展适度规模化种植，不断提高规模化效益；

要完善专业化分工管理机制，提高全方位的社会化、商品化服务质量和管理水平；要建立风险保障机制，提高烟叶生产抗御自然灾害能力，真正解除烟农后顾之忧；要完善烟农职业化管理机制，从扶持政策、投入资金、社会劳动保障等方面，为职业烟农创造良好条件；要完善科技创新激励机制，鼓励技术人员大胆开展技术创新、示范和推广，缩短科技成果转化为生产力的历程，加快烟区科技发展步伐，推进现代烟草农业健康发展。